环渤海耐氯盐水工混凝土
应用技术研究

刘修水　牛桂林　著

气象出版社
China Meteorological Press

内容简介

本书针对环渤海地区多处水工建筑物受海水腐蚀出现的混凝土剥蚀、开裂、钢筋裸露、锈蚀等严重问题，重点研究了大掺量矿渣微粉及粉煤灰对水泥基材料力学性能，抗渗、抗冻等耐久性能的试验研究；并依据试验成果研究了适用于我国地方沿海海域北区抗海水耐氯盐腐蚀高性能混凝土配合比；初步探讨了冻融循环作用下，矿渣微粉和矿渣粉煤灰混凝土电阻率与混凝土质量的损失、相对动弹模量等损伤指标之间的定量关系，为评价混凝土冻融作用下材料的损伤提供了科学依据。

本书可供从事岩土、材料、地基与基础处理、混凝土防涝、抗基工程及地质、设计、施工、科研人员学习，亦可作为高等院校相关师生参考。

图书在版编目（ＣＩＰ）数据

环渤海耐氯盐水工混凝土应用技术研究 ／ 刘修水，
牛桂林著. -- 北京 ： 气象出版社，2023.3
　　ISBN 978-7-5029-7939-3

　　Ⅰ．①环… Ⅱ．①刘… ②牛… Ⅲ．①海洋工程－钢
筋混凝土结构－海水腐蚀－控制－研究 Ⅳ．①P755.3

中国国家版本馆CIP数据核字(2023)第046411号

环渤海耐氯盐水工混凝土应用技术研究
Huanbohai Nailüyan Shuigong Hunningtu Yingyong Jishu Yanjiu

刘修水　　牛桂林　　著

出版发行：气象出版社	
地　　址：北京市海淀区中关村南大街 46 号	邮政编码：100081
电　　话：010-68407112（总编室）　010-68408042（发行部）	
网　　址：http://www.qxcbs.com	E-mail： qxcbs@cma.gov.cn
责任编辑：张锐锐　郝 汉	终　　审：张 斌
责任校对：张硕杰	责任技编：赵相宁
封面设计：艺点设计	
印　　刷：北京建宏印刷有限公司	
开　　本：710 mm×1000 mm　1/16	印　　张：5
字　　数：110 千字	
版　　次：2023 年 3 月第 1 版	印　　次：2023 年 3 月第 1 次印刷
定　　价：49.00 元	

本书编写组

◢ 组　　长：刘修水　牛桂林

◢ 副 组 长：谢子书　胡志强　张立斌

◢ 参编人员：刘修水　牛桂林　谢子书　胡志强　张立斌　刘俊滨
　　　　　　田海军　周亚岐　孙焕芳　曹华音　高　森　付清凯
　　　　　　张惠莉　李进亮　王劭鹏　张超伟　吕贵敏　王建超
　　　　　　徐世宾　徐友奇　刘文凯　王晶磊　孙国亮　付金磊
　　　　　　朱　恒　苑建龙　杨　倩　张爱军　孙晓真　宁文博
　　　　　　冀腾飞　任少腾　刘雨薇　刘武江　韩铁钢　王小坡

前　言

20 世纪 70 年代，国内外陆续出现大量的海工混凝土工程耐久性失效的报道，结构不得不进行加固、维修，甚至终止使用，造成了惊人的经济损失。

新中国成立以来，我国北方沿海地区新建了沿海海堤、防潮闸、发电厂海水淡化等大量的水利工程，其中绝大多数为混凝土结构。随着服役时间的延长，在环境与服役荷载的共同作用下，大量的水工建筑物受到不同程度的腐蚀，结构达不到设计使用年限而提前发生损伤，甚至发生工程事故，特别是沿海地区，承受着上游洪水、平原沥涝和海潮袭击多重威胁。

改革开放以来，随着沿海地区大量滩涂的开发，现已基本形成经济开发区、工业区、港口区以及稻田、虾池、盐田等为格局的高效产业区。

近年来，随着河北省曹妃甸、乐亭、黄骅港等沿海经济飞速发展，频发的潮灾造成的经济损失越来越大，现有的沿海水工建筑已不能保障国民经济的正常发展。因此，如何提高已建和拟建水工结构的抗腐蚀性和耐久性，确保水工混凝土结构安全运营已成为当前亟待解决的问题。

混凝土在海洋环境中，会遭受到冰冻、风浪、水质、潮汐等各种天然因素的作用而缩短使用寿命，严酷复杂的海洋环境由于钢筋锈蚀和混凝土性能的劣化导致过早的破坏已是当前混凝土耐久性问题关注的焦点之一。

海工混凝土结构破坏的因素主要有碳化、盐类渗入引起的钢筋锈蚀、冻融破坏、溶蚀作用、盐类侵蚀、碱 - 集料反应、冲击磨损的机械破坏等，其中钢筋锈蚀主要是氯离子渗透引起的。因此，提高混凝土自身的密实性和抗渗性是避免钢筋锈蚀结构耐久性的有效措施。

目前，有关混凝土抗冻性和抗氯离子渗透性能的耦合关系研究工作尚较少开展，同时，考虑应力作用下混凝土海水侵蚀的抗冻性研究也相对较少。基于此，在充分考察、调研北方沿海环境下水工建筑物服役的基础上，结合环渤海地区的气候特点，采取试验研究、理论分析和工程应用相结合的方法，分别从材料、构件、结构等三个层次，利用宏观 - 微观 - 细观等尺度相结合的研究方式，对沿海有介质环境下钢筋混凝土构件的破坏机理进行试验研究和理论分析，得出了具有实用性应用成果，这些研究工作，使大家对国内钢筋混凝土劣化性能及耐久性的发展动向有了较为全面深刻的理解。

河北省有 487.7 km 长的海岸线，已修筑的各种堤防 394.21 km，修建各种挡潮闸 204 座，这些建筑物在防御潮灾中发挥了一定作用，但普遍存在年久失修、工程老化等问题，堤防大部分达不到三十年一遇要求，目前，多数已基本不能使用。本书针对渤海地区水工枢纽出现的混凝土受害状况，重点研究了大掺量矿渣微粉及粉煤灰对水泥基材料的力学性能、抗掺、抗冻等耐久性研究，并依据试验成果，在河北省黄骅海堤和海口闸所枢纽工程中，得到了推广应用。通过混凝土单价分析发现，大掺量矿渣微粉混凝土和粉煤灰混凝土比普通混凝土造价降低 22%，抗氯离子渗透性提高 50%~60%，抗冻性提高 30% 以上，电阻率提高 3~6 倍，大大延长了混凝土寿命，提高了工程防灾减灾能力；防潮闸标准提高三十至一百年一遇，直接保护沿海 122.7 万人和 23.33 万 km² 耕地免受潮水威胁。同时，矿渣微粉价格便宜，取材方便，实现了废物利用，极大地降低了水泥用量，社会经济和生态效益十分显著。2016 年，通过了河北省地方标准《环渤海耐氯盐水工混凝土技术规范》（DB13/T 2245—2015）。

当然，由于本课题主要集中研究了矿渣微粉及粉煤灰改性水泥材料的力学性能、抗掺性能、抗冻性能等宏观性能指标，而有关基于微、细观的研究方法揭示大掺量矿渣微粉及粉煤灰对水泥基材料性能机理及理论研究还有待进一步开展。

本书的出版旨在助推行业技术的发展与进步，亦为同行提供借鉴和参考。不当之处，祈盼读者不吝指正。

作者

2022 年 5 月 25 日

目　录

第 **1** 章

工 程 概 况

　　河北省南运河各管理处，主要建筑物有安陵、捷地、北陈屯、穿运、北排及海口 6 座水利枢纽工程。其中北排河挡潮闸和海口 2 座枢纽地处渤海湾，为北排河和子牙河注入海控制性工程，枢纽总计 5 座水闸，始建于 20 世纪 50—60 年代。限于历史条件，由于当时未认识到海水中氯离子酸碱化会导致钢筋混凝土锈蚀问题，且这些工程大多年久失修，腐蚀严重，混凝土标号和工程标准低，混凝土强度等级为 C20 左右，工程使用寿命只有 20~30 a，甚至有些不足 10 a，远远达不到设计 50 a 标准。为此，本项目选择北排河和海口枢纽作为代表性研究实例。

 ## 1.1　北排河挡潮闸

　　北排河是黑龙港流域骨干排水河道之一。1966 年动工开挖，自滏东排河下口冯庄闸起，至海口止，全长 162.4 km。

　　北排河挡潮闸位于天津市大港区新马棚口村南，北排河入海口处。由于北排河是结合修筑子牙新河的南大堤而开挖的，所以，习惯上将北排河挡潮闸归属于子牙新河海口枢纽工程。由老挡潮闸、新挡潮闸及津歧公路桥组成，为三级建筑物。修建的目的是平时闭闸挡潮、防止海水倒灌、汛期启闸泄洪排泄、枯水期蓄淡灌溉。

1.1.1　老挡潮闸基本情况

　　老挡潮闸由原河北省水利厅设计院设计，天津市根治海河指挥部施工，工程总投资 109.49 万元。设计标准五年一遇，设计流量 212 m³/s，校核流量 500 m³/s。该

闸为开敞式钢筋混凝土结构，闸室分为4孔，每孔净宽7 m，闸底高程 –3.5 m（黄海高程，以下同）。两岸为重力式岸墙及翼墙。

闸室上游有不同材料制作的护底，自上游向下游分别为纵坡 1∶15 的浆砌石、混凝土框格护底和钢筋混凝土防渗阴滑板。

闸室下游护底全长 49.5 m，自上而下分别为钢筋混凝土防渗阴滑板，框格混凝土护底、水平段和抛大石防冲槽；防冲槽与下游河道相接。

闸门为升卧式预应力钢筋混凝土面板和钢边梁的混合结构（1986 年改建为直升式平板钢闸门）；工作桥桥面高程 6.8 m（1986 年改建时抬高为 12 m）；公路桥桥面高程 5.0 m。

1.1.2　新挡潮闸基本情况

1966 年北排河开挖时，按老五年一遇标准开挖，港河本支以下设计流量 116 m³/s。1979 年，根据北排河与南排河联合运用共同排泄黑龙港流域沥水的远景规划原则，又对北排河按三日降雨 250 mm 情况下，使其相继接纳滏东排河及南排河来水的标准设计，则对港河本支按设计流量 500 m³/s、校核流量 900 m³/s，进行了扩挖。由于老挡潮闸与河道不相适应，确定扩建新闸。新闸于 1979 年 3 月动工，同年 7 月竣工。

扩建新闸位于老闸右侧，为河床式闸型。闸室采用分离式底板，灌注桩基础；两岸为钢筋混凝土岸墙浆砌石翼墙，每个岸墙下设灌注桩；闸墩下游部位设有工作门槽、检修门槽、检修孔。

闸室上游设钢筋混凝土防渗板，上游护底为浆砌石海漫及防冲槽；闸室下游设钢筋混凝土护坦，尾部设消力槛。消力槛以下设浆砌石海漫斜坡段，海漫以下设防冲槽，抛石防冲槽以 1∶10 倒坡与尾渠底相接。上游浆砌石、海漫和下游一、二级护坦连接部位以及相应护坡底部，设置四层反滤及排水孔。

北排河扩挖及新闸建成后，可以排泄本流域 1323 km²、三日降雨 250 mm 的设计流量 500 m³/s，或三日降雨 300 mm 的校核流量 900 m³/s。可保护农田 13.33 万 km²，挡御历史最高潮位 3.36 m（1979 年以前）的高潮倒灌。由于闸门加设了双层止水设施，可以防止潮水渗入内河，使水质不受海水污染，可蓄淡水 1200 万 m³，灌溉面积 0.33 万 km²；同时结合排泄进行拖淤，可以防止河口淤积，保证闸下歧口河的渔船进出和水运畅通。

1986 年，针对老挡潮闸预应力钢筋混凝土闸门的钢边梁锈蚀严重，公路桥临海侧 T 梁腹板混凝土开裂、钢筋锈蚀严重等问题，对老闸进行改建（同时改建的还有子牙新河主槽挡潮闸、青静黄排水渠挡潮闸）。将 4 孔预应力钢筋混凝土平板升卧式闸门改为定轮平板钢结构直升门；改建检修桥、操作室，更换临海侧梁；拆、修、安装启闭机和电器设备以及闸墩等部位混凝土修补。

子牙新河海口枢纽改建主体工程于 1986 年 4 月 15 日开工，11 月 29 日完成，12 月 20 日验收。

挡潮闸建成及改建后，通过实际运用，发现工程仍存在问题。

（1）挡潮闸上下游淤积严重，淤积最高的地方已达 1.0 m，厚度达 4.5 m。严重的淤积大大降低了泄洪排泄能力。

（2）闸门前后泥沙有大量沉积，影响了闸门的正常运用，在启动闸门时，不仅经常出现因超负荷工作而跳闸的现象，而且会引发事故。

（3）由于海水、海风的侵蚀，挡潮闸及公路桥出现混凝土剥落及露筋现象。

1.2　海口枢纽

子牙新河海口枢纽，位于天津市大港区新、旧马棚口之间。兴建目的是挡潮蓄淡、泄洪排泄。主要建筑物有子牙新河主槽挡潮闸、青静黄排水渠挡潮闸、原北大港泄洪闸和滩地挡潮泄洪堰，除原北大港泄洪闸建于 1958 年外，其余建筑物均在 1967 年 8 月建成。

1.2.1　子牙新河主槽挡潮闸

子牙新河主槽挡潮闸全闸分 3 孔，采用分离式底板，深度 16~24 m，闸上游设有防冲槽、铺盖、阻滑板；下游有静水池、护坦、防冲槽及闸室，共七部分组成。原闸门中孔采用钢结构，设计匀为升卧式闸门。1986 年更新闸门时改为直升式。闸下游引河全长 3600 m，在 1800 m 处与青静黄闸下引河汇合入海。

1.2.2　青静黄排水渠挡潮闸

青静黄排水渠挡潮闸距子牙新河主槽挡潮闸 800 m，为开敞式钢筋混凝土结构，共 4 孔，有公路桥和工作桥。闸门采用预应力钢筋混凝土面板，钢边梁的混合结构，为升卧式闸门。1986 年闸门更新时改为直升门。

1.2.3　原北大港泄洪闸

原北大港泄洪闸在子牙新河行洪滩地内，该闸共 16 孔，每孔净宽 5 m，初建时

闸门为木制结构，启闭设备为手动葫芦。1972 年将其中 2 孔手动葫芦保留，以备滩地排沥之用，其余 14 孔手动葫芦全部拆除，闸门留在闸孔中挡潮，防止海水倒灌。1997 年用混凝土闸门替换木制闸门，未设启闭设备。闸下游设交通桥。

 ## 1.3 气候情况

子牙河流域地处暖温带大陆性季风气候区，历年冬夏季较长，春秋季较短，全年平均气温 11.8~12.9 ℃（数字的阈值为左包含、右不包含，下同），7 月温度最高，月平均气温在 26 ℃以上，1 月最低，月平均气温为 −4 ℃。全年无霜期 180~220 d。最大冻土深度 0.62 m。

 ## 1.4 钢筋混凝土水工结构病害成因及机理分析

1.4.1 病害成因

（1）海水长期浸泡腐蚀。由于水工结构常年浸泡于海水中，完全浸泡在水下的结构易受水中氯离子侵蚀，暴露于空气中的结构受空气中氯离子侵蚀，浪溅区混凝土结构则会受到上述两种情况的氯离子侵蚀。

（2）结构老化。水工结构长期受外界环境的影响，容易出现混凝土碳化、钢筋锈蚀的现象，从而导致钢筋力学性能改变、混凝土强度随时间改变，以及由此引起的钢筋与混凝土之间黏结能力退化等的发生。除了自然老化外，施工质量差、材料强度下降以及常年失修、恶劣的运营条件是结构产生病害的另一主要原因。老化和病害将导致结构的承载能力降低，安全性下降。

（3）设计标准演变。目前，在我国多建于 20 世纪 60 年代的水工结构仍在正常使用。这意味着依据旧规范设计的水工结构承担着新规范规定的增大的设计荷载，超载现象是客观存在的。在设计方法的发展和设计标准的不断细化过程中，虽然能保证前后规范在安全性方面的合理衔接，但其中必然存在着一些差异。

（4）意外碰撞。水工结构在使用过程中，由于意外碰撞引起结构断裂或变形过大而没有及时修复或更换，常常会影响整个结构的承载能力。

1.4.2 病害机理

导致海水中混凝土腐蚀的因素主要分为 5 类，即钢筋锈蚀、冻害、化学腐蚀、结构压力及海洋微生物作用等。

（1）钢筋锈蚀。氯离子是造成钢筋锈蚀的主要原因，而海洋境又富含氯离子。在混凝土中，$Cl^-/OH^- > 0.61$ 时，钢筋开始锈蚀，并以此作为"临界值"。水泥水化的高碱性使混凝土内钢筋表面产生一层致密的钝化膜，而氯离子是极强的去钝化剂，当氯离子吸附于局部钝化膜处时，该处的 pH 值迅速降低，从而破坏钢筋表面钝化膜。铁基体作为阳极受到腐蚀，大面积钝化膜区域作为阴极。由于大阴极对应小阳极，腐蚀速度很快。钢筋锈蚀后体积膨胀，可超过原体积的 6 倍，是混凝土开裂的主要原因。

（2）冻害。在冬季，潮差区和浪溅区受到两次冻融循环。混凝土抗冻性是混凝土破坏与否的重要原因。

（3）化学腐蚀。海洋环境中对混凝土的化学腐蚀因素很多，概括起来可分为氯离子侵蚀、碳化作用、镁盐侵蚀、硫酸盐侵蚀及碱 - 骨料反应。

（4）其他因素。除了上述各种因素对水工结构产生腐蚀之外，气候条件和微生物腐蚀也会导致水工结构的腐蚀。

1.5 国内外研究现状

钢筋混凝土构件在海洋环境中使用时，会因为遭受到冰冻、风浪、水质、潮汐等多种天然因素的作用而缩短使用寿命。严酷复杂的海洋环境会造成钢筋锈蚀、混凝土性能劣化，从而导致混凝土构件过早破坏，这已成为当今对混凝土耐久性问题关注的焦点之一。造成海工混凝土结构破坏的主要因素有碳化、盐类渗入引起的钢筋锈蚀、冻融破坏、溶蚀作用、盐类侵蚀作用、碱 - 集料反应以及冲击磨损的机械破坏作用等，其中钢筋锈蚀主要是由氯离子渗透引起的。因此，提高混凝土自身的密实性和抗渗性能是避免钢筋锈蚀、保证结构耐久性的一种有效的措施。

为了改善混凝土的抗渗性能，提高海洋环境中钢筋混凝土结构的耐久寿命，国内外学者研究利用硅粉、粉煤灰、矿渣等，这些矿物成分具有颗粒微小且在拌制的混凝土中能发挥填充效应和火山灰反应的性能，这种特性能够提高混凝土的强度、密实性和抗渗透性能。通常采用低水胶比或者复掺矿物掺合料和高效减水剂的方法对混凝土材料进行改性处理，来提高混凝土的抗氯离子侵蚀能力。研究表明，硅粉虽然可以改善混凝土的抗氯离子渗透性能，但对于海水环境中混凝土的抗冻性作用较差，此外，由于其产量较小、价格较高，工程中很少应用；粉煤灰虽然也可以改善混凝土的抗氯离子渗透性能，且通过掺加优质粉煤灰可提高混凝土的抗海水腐蚀能力，但粉煤灰是工业副产品，优质的粉煤灰资源有限，市场上充斥的多是劣质的粉煤灰，因此在施工过程中控制非常困难，难以大面积推广。此外，海水环境中粉煤灰混凝土的抗冻性较差，且研究表明如果粉煤灰掺量超过30%，混凝土抗氯离子渗透性能会略有下降。目前有关粉煤灰混凝土抗冻性的研究已开展较多，但同时考虑海水侵蚀的抗冻性研究却相对较少。20世纪90年代开始，磨细粒化高炉矿渣微粉（也称矿渣微粉）在中国开始生产，以上海宝钢为代表的国内大中型钢铁企业纷纷上马矿渣微粉项目，使得矿渣微粉的生产得到了迅速发展，利用矿渣微粉制备抗海水腐蚀混凝土的研究也同时开始，但大多是短期的实验室研究。研究表明，大掺量矿渣微粉抗海水侵蚀混凝土的抗氯离子侵蚀能力优于普通混凝土，经过3 a海水浸泡后，其氯离子渗透深度只有普通混凝土的12%~25%，据此推算，海洋环境下用其建造的建筑物使用寿命至少为普通混凝土的3~4倍。基于实验研究成果，广东省水利厅于2008年发布了《抗海水腐蚀混凝土应用技术导则》（DB44/T 566—2008），其适用于氯盐环境下普通钢筋混凝土结构和预应力混凝土结构中抗海水腐蚀混凝土的设计。然而细则中明确指出"考虑到广东省不存在冻融环境，故删除了冻融和氯盐冻融的环境条件"。

综上所述，目前有关考虑混凝土抗冻和抗氯离子渗透性能的耦合关系的研究工作尚开展较少，同时考虑应力作用下混凝土海水侵蚀的抗冻性研究也相对较少，相关工作亟待开展。

1.6 已取得的研究成果

海水对混凝土构筑物有非常强的腐蚀作用。海工混凝土的防腐问题比强度要求更为重要。经过多年的研究，得出以下结论。

（1）沿海水利工程混凝土结构腐蚀破坏现象比较严重，影响建筑物使用寿命与正常运行。海水中氯离子渗入混凝土内部引起钢筋锈蚀是造成混凝土结构腐蚀破坏的主要原因。设计标准低、施工质量差加快了混凝土腐蚀过程。

（2）沿海混凝土结构不仅要满足力学性能要求，也要满足防腐要求。通过提高混凝土标号、降低水灰比、配制高性能混凝土以提高混凝土自身密实性，可以达到增强混凝土抗氯离子渗透性能的目的。

（3）针对沿海水利工程实际情况，通过掺粉煤灰配制混凝土，提高混凝土密实度，增强其抗氯离子渗透性能是可行的，能满足工程的一般要求。掺入粉煤灰后，混凝土试件中通过的总电量显著降低，氯离子渗入混凝土内部速度与深度明显下降。

（4）提高设计标准与施工质量是保证沿海水利工程混凝土结构耐久性的重要因素。

 ## 1.7 研究目的和内容

1.7.1 研究目的、意义

海洋是混凝土结构所处的最恶劣的外部环境之一。海水中的化学成分能引起混凝土溶蚀破坏、碱 – 骨料反应；在寒冷地区可能出现冻融破坏；海浪及悬浮物对混凝土结构会造成机械磨损和冲击作用；海水或海风中的氯离子能引起钢筋腐蚀。20世纪 70 年代，国内外陆续出现了大量海工混凝土工程耐久性失效的事件，不得不对其结构进行加固维修，甚至终止使用，造成了惊人的经济损失。新中国成立以来，我国北方沿海地区兴建了沿海海堤、防潮闸、发电厂海水淡化工程等大量混凝土结构水利工程。在环境与服役载荷的共同作用下，大量水工混凝土结构逐步受到不同程度腐蚀，结构在远达不到设计使用寿命时提前损伤，甚至引发工程事故。混凝土耐久性和寿命问题已引起国际混凝土科学与工程界的密切关注。如何提高已建和拟建水工结构的耐久性，确保水工建筑的安全运营已成为土木工程师面临的一个重要问题。

1.7.2 研究内容

在充分考察、调研我国北方海洋环境下水工建筑物服役现状的基础上，结合北方沿海地区的气候特点，本书以试验研究、理论分析和工程应用相结合的方法，分别采用若干水泥、矿渣微粉、粉煤灰、高效减水剂等不同原料，完成不同原料、不同配合比下的砂浆、混凝土物理力学性能和耐久性试验研究，揭示矿物掺合料对混凝土材料性能的改性机理，研究胶凝材料用量、矿渣掺量、矿渣细度和粉煤灰掺量对实际海水环境下（全浸区、潮汐区）混凝土抗压强度、渗透深度和碳化深度的影响；明确矿物掺和料的合理掺量，揭示所建议混凝土材料的各项力学性能及其耐久性，并给出经济性定量评价。通过实际工程应用，提出合理的理论参数修正；给出施工建议。同时，废物利用重新打造一个环境优美的生态城，产生巨大的生态效益、经济效益和社会效益。

第 **2** 章

研 究 理 论

2.1 力学性能

　　混凝土的力学性能，是评价混凝土耐久性的重要指标。因此，研究矿渣对混凝土力学性能的改善作用，对提高混凝土耐久性有重要的理论意义和实际价值。混凝土材料的力学性能包括强度、刚度等。

　　试验中考虑的影响因素主要有矿渣的掺量、水胶比、养护时间等，研究了纳米黏土对水泥基材料抗折强度、抗压强度的改善作用。试件在标准条件下养护到规定试验龄期后，根据我国规范《公路工程水泥及水泥混凝土试验规程》（JTG 3420—2020）测定其抗折强度：

$$R_f = \frac{1.5F_f \times L}{b^3} \qquad (2.1)$$

式中：R_f 为抗折强度，F_f 为破坏荷载，L 为支撑圆柱中心距，b 为试件断面边长。

　　根据我国《普通混凝土力学性能试验方法标准》（GB/T 50081—2002）试验方法测试其抗压强度，抗压强度是破坏荷载与截面面积的比值：

$$R_c = \frac{F_c}{A} \qquad (2.2)$$

式中：R_c 为抗压强度，F_c 为荷载，A 为截面面积。

2.2 抗渗性

　　为研究矿渣微粉对混凝土材料抗氯离子渗透性能的影响，本次试验针对矿渣对水泥胶砂和混凝土抗氯离子渗透性的改善作用，试验中考虑的影响因素主要有矿渣的掺量、养护时间等。氯离子扩散系数表征氯离子的渗透性：

$$D_{nssm} = \frac{RT}{2FE} \times \frac{x_d \, \alpha \sqrt{x_d}}{t} \tag{2.3}$$

$$E = \frac{U-2}{L} \tag{2.4}$$

$$\alpha = 2\sqrt{\frac{RT}{2FE}} \, erfc \left(1 - \frac{2C_d}{C_o}\right) \tag{2.5}$$

式中：x_d 为氯离子平均渗透深度，用喷洒硝酸银溶液的方法测量；C_d 为砂浆颜色改变边界的氯离子浓度，取 0.07；C_o 为表面氯离子浓度；D_{nssm} 为非稳态迁移系数；U 为应用电压的绝对值（V）；T 为阳极溶液中初始温度和最终温度的绝对值；L 为试件厚度；t 为试验时间。

2.3 抗冻性

计算混凝土抗冻性的公式如下：

$$R = \frac{N}{300}, DF \geqslant 75\% \tag{2.6}$$

$$R = 0.75 \times \frac{DF}{300} \times \frac{1}{D_{NEL}}, DF < 75\% \tag{2.7}$$

式中：R 为冻渗比；DF 为混凝土抗冻耐久性指数，按《混凝土结构耐久性设计与施工指南》（CCES 01—2004）确定；D_{NEL} 为氯离子扩散系数（cm²/s）按《混凝土结构耐久性设计与施工指南》（CCES 01—2004）确定；N 为试件相对动弹性模量低于 75% 或质量损失大于 5% 时的冻融循环次数。

冻渗比 R 值越大，一定程度上反映混凝土抗冻性和抗氯离子渗透的综合性能越好。当 300 次快速冻融循环后，$DF \geqslant 75\%$ 时按式 2.5 计算 R 值。当 300 次快速冻融循环前相对动弹模降到初始值的 75% 或质量损失已超过 5% 时按《水运工程混凝土试验规程》（JTJ 270—98），即 $DF < 75\%$，则以 300 次冻融循环的规定次数作基准，取相对动弹模值为 0.75 和此时冻融循环次数 N，按式 2.6 计算 R 值。

第**③**章
掺矿渣微粉水泥基材料力学性能研究

3.1 引言

国内外学者对矿渣微粉作为掺合料应用于水泥基材料中，已经做了比较多的研究，发现矿渣微粉不仅能够等量取代水泥，具有较好的经济效益，而且还能显著地改善、提高水泥基材料的耐久性能。其在国内外的一些工程中也得到了推广应用，并取得了良好的效果。

水泥基材料在工程中的应用，首先要满足结构物设计的荷载要求，即应具有良好的力学性质。为了更充分地了解矿渣微粉对各龄期水泥基材料力学性能的影响规律，针对单掺矿渣微粉以及复掺矿渣微粉及粉煤灰改性水泥基材料不同龄期力学性能的变化规律，进行了深入系统的试验研究。

3.2 单掺矿渣微粉改性水泥基材料力学性能研究

通过试验研究了矿渣微粉改性水泥基材料在 3 d、7 d、14 d、28 d、56 d、90 d 时抗折、抗压强度的影响规律，分析了水泥强度与矿渣微粉掺量、养护龄期、水胶比的关系，并对其最佳掺量进行了探讨。

3.2.1 试验材料

本次试验所用水泥为大连小野田生产的 PO·42.5R 普通硅酸盐水泥，矿渣微粉选用大连金桥超细粉公司生产的 S95 级粒化高炉矿渣微粉，其化学成分及主要技术指标详见表 3.1 和表 3.2，图 3.1 给出了矿渣微粉 XRD 分析图谱、矿渣微粉及粉煤灰的微观形貌。

表 3.1　矿渣微粉化学成分

成分	CaO	MgO	Al_2O_3	SiO_2	Fe_2O_3	K_2O	Na_2O	其他
含量 /%	41.08	5.18	13.22	34.18	1.52	0.02	0.09	4.71

表 3.2　矿渣微粉主要技术指标

比表面积 / (m^2/kg)	密度 / (g/cm^3)	流动度比 /%	活性指数	
			7 d	28 d
425	2.90	97	81	104

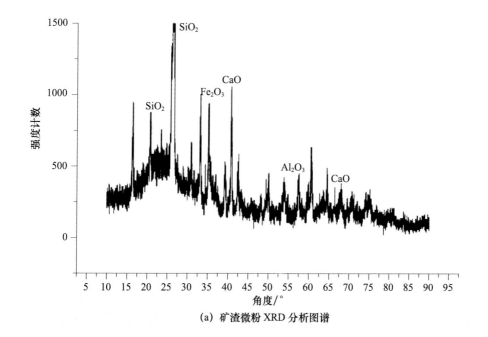

(a) 矿渣微粉 XRD 分析图谱

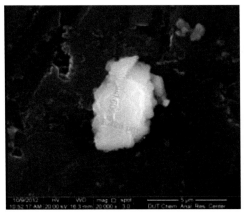 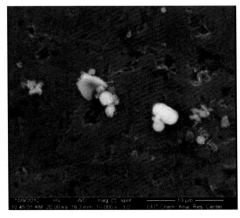

(b) 矿渣微粉微观形貌   (c) 粉煤灰微观形貌

图 3.1 矿渣微粉 XRD 分析图谱、矿渣微粉及粉煤灰微观形貌

3.2.2 试件制作

为研究矿渣微粉对水泥早龄期力学性能的影响，通过试验研究对不同矿渣微粉掺量、不同水胶比（水 / 胶，w/b）情况下，在标准养护条件下养护 3 d、7 d、14 d、28 d 时水泥抗折、抗压强度的变化规律。

试验中共制作水泥试件 36 组，每组 3 块。在制备矿渣微粉水泥试件时，先将水倒入水泥净浆搅拌锅中，再将水泥与矿渣微粉混合后同时倒入搅拌锅中，按照规范《公路工程水泥及水泥混凝土试验规程》（JTGE 30—2005）制备方法，制备 40 mm × 40 mm × 160 mm 的水泥试件。将浇注成型的试件放在标准养护箱（温度为 20 ± 1 ℃、相对湿度 ≥ 95%）中养护 24 h 后拆模，拆模后继续放入标准养护箱中养护 3 d、7 d、14 d、28 d，取出试件进行抗折、抗压试验。试件编号详见表 3.3。

表 3.3 水泥强度试验试件编号

试件编号	矿渣微粉掺量 /%	水胶比	养护龄期 /d
SCA1-1	30		
SCA1-2	40	0.30	
SCA1-3	50		3、7、14、28、56、90
SCA2-1	30		
SCA2-2	40	0.40	

试件编号	矿渣微粉掺量 /%	水胶比	养护龄期 /d
SCA2-3	50		
SCA3-1	30		
SCA3-2	40	0.50	
SCA3-3	50		

3.2.3 试验方法及过程

试验中待测试件在标准养护条件下养护到规定试验龄期后，利用电动抗折试验机、YAW-YAW 2000A 型 200 t 微机控制电液伺服压力试验机，遵照我国现行标准《公路工程水泥及水泥混凝土试验规程》（JTGE 30—2005）中的规定测试水泥基材料的抗折、抗压强度。水泥抗折试验中加荷速度为 50 ± 10 N/s，直至试件折断，并保持折断试件处于湿润状态直至抗压试验；在抗压强度试验前，需将折断的试件制备成 40 mm × 40 mm × 40 mm 的标准试件，抗压强度试验时水泥试件的加荷速度控制在 2400 ± 200 N/s。

3.2.4 试验结果与讨论

3.2.4.1 水泥抗折强度

矿渣微粉水泥试件在标准养护箱中养护到 3 d、7 d、14 d、28 d、56 d 和 90 d 时，取出进行抗折强度试验，具体试验结果详见表 3.4 和表 3.5，图 3.2~ 图 3.4。

表 3.4 抗折强度试验结果　　　　　　　单位：MPa

试件编号	养护龄期					
	3 d	7 d	14 d	28 d	56 d	90 d
SCA1-0	9.94	10.99	11.7	—	—	—
SCA1-1	7.2	9.72	11.2	—	—	—
SCA1-2	7.35	9.43	10.9	—	—	—
SCA1-3	6.11	8.78	10.35	—	—	—

续表

试件编号	养护龄期					
	3 d	7 d	14 d	28 d	56 d	90 d
SCA2-0	7.09	8.36	9.01	9.14	9.22	9.49
SCA2-1	5.38	6.73	8.31	9.89	10.55	10.71
SCA2-2	4.97	6.86	8.02	9.53	10.1	10.82
SCA2-3	4.18	6.64	8.29	9.45	11.7	11.74
SCA3-0	5.36	6.68	8.06	8.52	8.64	9.11
SCA3-1	3.72	5.58	7	8.14	9.13	10.1
SCA3-2	3	5.13	6.76	7.11	9.74	10.24
SCA3-3	2.79	5.18	6.29	7.65	10.49	10.61

表 3.5 抗折强度增长百分率   单位：%

试件编号	养护龄期					
	3 d	7 d	14 d	28 d	56 d	90 d
SCA1-0	0	0	0	—	—	—
SCA1-1	−27.54	−11.56	−4.65	—	—	—
SCA1-2	−26.07	−14.20	−7.21	—	—	—
SCA1-3	−38.48	−20.12	−11.94	—	—	—
SCA2-0	0	0	0	0	0	0
SCA2-1	−24.12	−19.57	−2.17	8.21	14.43	12.86
SCA2-2	−29.95	−17.94	−9.81	4.21	9.54	14.01
SCA2-3	−41.09	−20.61	−0.28	3.39	26.90	23.71
SCA3-0	0	0	0	0	0	0
SCA3-1	−30.55	−16.48	−13.15	−4.44	5.67	10.87
SCA3-2	−44.00	−23.17	−16.23	−16.56	12.73	12.40
SCA3-3	−47.98	−22.47	−21.99	−10.22	21.41	16.47

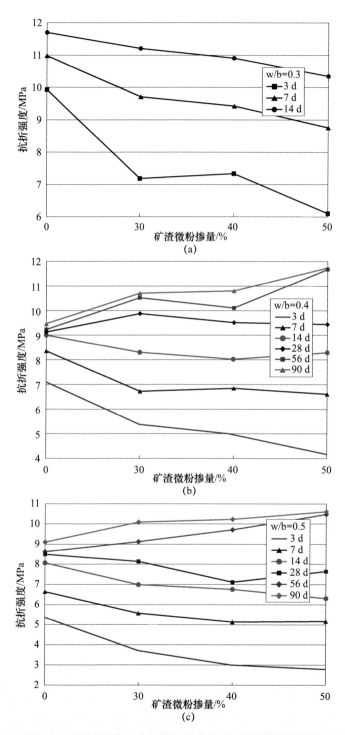

图 3.2　不同水胶比时水泥抗折强度与矿渣微粉掺量的关系

根据表 3.4、表 3.5 和图 3.2 中的试验数据，得出以下结论：

（1）水泥抗折强度与矿渣微粉掺量的关系

通过图 3.2a 看出，在水胶比为 0.3 时，矿渣微粉的掺入使得水泥抗折强度呈下降趋势，在相同养护龄期条件下，其抗折强度随着矿渣微粉掺量的增加逐渐变小，在养护 3 d 时，抗折强度减小幅度最大（27.54%、26.07%、38.48%）；在养护 14 d 时，掺入 30%、40% 的矿渣微粉水泥试件抗折强度减小幅度不大，分别减小 4.65%、7.21%；在矿渣微粉掺量相同的情况下，水泥抗折强度随着养护龄期的延长逐渐增大，且其减小量逐渐变小。

通过图 3.2b 看出，当水胶比为 0.4 时，养护 3 d 时的水泥抗折强度随掺量的增加逐渐变小，且矿渣微粉的掺量越多减小量越大；当养护 7 d 时，掺入的矿渣微粉也使水泥的抗折强度降低，但抗折强度减小量随其掺量的增加变化幅度不大；当养护 14 d 时，水泥试件抗折强度随着矿渣微粉掺量的增加呈现先减小后增大的趋势，当掺量为 50% 时水泥抗折强度的减小量最少，为 0.28%；当养护 28 d 时，水泥试件抗折强度由于矿渣微粉的掺入开始增加，在矿渣微粉掺量为 30% 时增加量最多，为 8.21%；当养护到 56 d 时，水泥试件抗折强度随矿渣微粉掺量的增加而较快提高，当矿渣微粉掺量为 50% 时增加量最多，达 26.90%；当养护到 90 d 时，水泥抗折强度的变化规律与 56 d 强度相似，在矿渣微粉掺量为 50% 时最大，较普通水泥试件提高 23.71%。

通过图 3.2c 看出，在水胶比为 0.5 的水泥试件中，当养护小于 14 d 时，其抗折强度随矿渣微粉掺量的增加而减小，且水泥的 3 d、7 d、14 d 抗折强度随矿渣微粉掺量的增加变化趋势相似；当养护 28 d 时，掺入矿渣微粉的水泥抗折强度仍小于普通水泥试件，但抗折强度的减量降低，在矿渣微粉掺量为 30% 时，抗折强度减小最少，为 4.44%；当养护到 56 d 时，水泥的抗折强度随矿渣微粉掺量的增加逐渐增加，在矿渣微粉掺量为 50% 时增加最多，抗折强度增加 21.41%；在养护为 90 d 时，水泥抗折强度的变化规律与 56 d 的相似，在矿渣微粉掺量为 50% 时，抗折强度增加最大，为 16.47%。

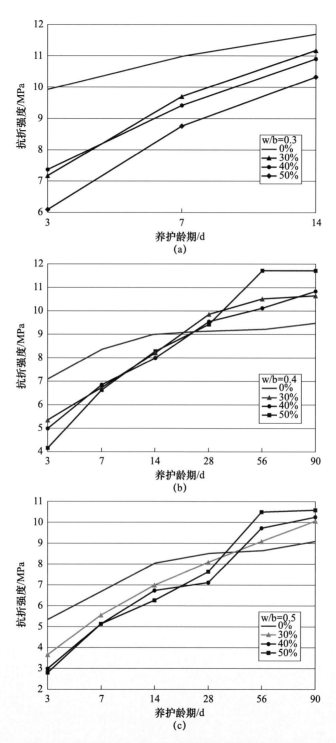

图 3.3 不同水胶比时水泥抗折强度与养护龄期的关系

（2）水泥抗折强度与养护龄期的关系

通过图 3.3a 看出，在水胶比为 0.3 时，当养护天数小于 14 d 时，水泥试件的抗折强度随养护龄期的增加逐渐增大。

通过图 3.3b 看出，在水胶比为 0.4 时，普通水泥试件在养护小于 28 d 时，其抗折强度随养护龄期的增加逐渐增大，当养护超过 28 d 时，水泥的抗折强度增加比较缓慢；在矿渣微粉掺量为 30%，且养护小于 56 d 时，水泥的抗折强度随养护龄期的增加逐渐增大，当养护天数超过 56 d 时，水泥的抗折强度变化趋于平缓；当矿渣微粉掺量为 40% 时，在 90 d 的养护中，水泥的抗折强度随养护龄期的增加逐渐增大；矿渣微粉掺量为 50% 的水泥抗折强度的变化规律与矿渣微粉掺量为 30% 时相似。由图 3.3b 还可得到，由于矿渣微粉的掺入使得水泥早龄期的抗折强度小于普通水泥，但随着养护龄期的增加，掺矿渣微粉的水泥抗折强度逐渐增加，在养护 28 d 后，水泥的抗折强度超过普通水泥试件并继续增加。矿渣微粉掺量为 50% 时，水泥早龄期抗折强度减小最多，但随着养护龄期的增加，其抗折强度增长最快，抗折强度较普通水泥试件增加最多。

通过图 3.3c 看出，当水胶比为 0.5 时，普通水泥试件的抗折强度，在 28 d 养护前先增加，超过 28 d 养护后其变化趋于平缓；在矿渣微粉掺量为 30%、40% 时，水泥的抗折强度随养护龄期的增加逐渐增大；矿渣微粉掺量为 50% 的水泥，其抗折强度在 56 d 养护前逐渐增加，超过 56 d 养护后其变化趋于平缓。由图 3.3c 还可得到，掺入矿渣微粉的水泥抗折强度在 56 d 养护时超过普通水泥试件并继续增加。矿渣微粉掺量为 50% 的水泥试件，其抗折强度随养护龄期的增加增长最快，抗折强度较普通水泥试件增加最多。

比较图 3.3b 和图 3.3c 可得，水胶比越小水泥的抗折强度增长越快。

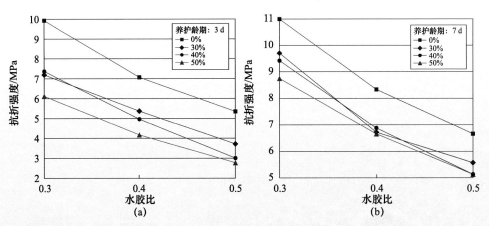

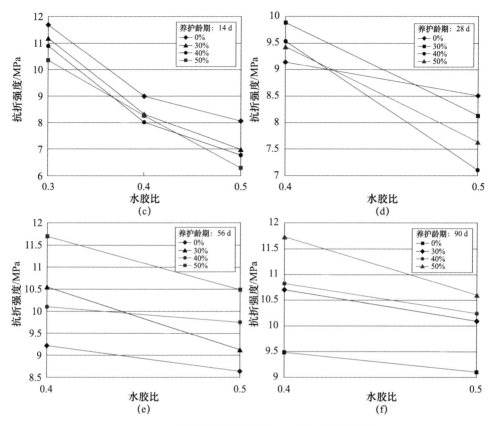

图 3.4　不同养护龄期时水泥抗折强度与水胶比的关系

（3）水泥抗折强度与水胶比的关系

通过图 3.4a~ 图 3.4f 看出，不同矿渣微粉掺量水泥试件，其抗折强度随水胶比的增大逐渐减小。

通过图 3.4d 看出，在养护天数为 28 d，水胶比为 0.4 时，掺入矿渣微粉水泥抗折强度较普通水泥试件增加，掺量越小抗折强度增加越大。

通过图 3.4e 看出，当养护 56 d 时，水胶比为 0.4、0.5 的矿渣微粉水泥试件抗折强度均较普通水泥试件增加，且矿渣微粉掺量越多，抗折强度增加越大。

3.2.4.2　水泥抗压强度

根据我国标准《公路工程水泥及水泥混凝土试验规程》（JTGE 30—2005）规定，抗折试验结束后，将折断的试块制备成 40 mm × 40 mm × 40 mm 的立方体试件进行抗压强度试验，具体试验结果见表 3.6 和表 3.7，图 3.5~ 图 3.7。

表3.6　抗压强度试验结果　　　　　　单位：MPa

试件编号	养护龄期					
	3 d	7 d	14 d	28 d	56 d	90 d
SCA1-0	62.58	76.88	93.51	94.03	—	97.58
SCA1-1	47.50	69.24	88.91	95.46	—	102.6
SCA1-2	50.98	67.95	83.18	99.42	—	100.05
SCA1-3	46.45	65.63	76.44	90.47	—	91.26
SCA2-0	44.82	50.25	56.86	72.96	73.68	81.56
SCA2-1	30.67	40.72	59.42	71.69	81.72	88.06
SCA2-2	27.53	34.08	54.41	64.43	72.15	77.72
SCA2-3	21.25	30.98	56.06	66.14	67.98	73.5
SCA3-0	24.53	24.17	43.01	48.10	61.53	62.01
SCA3-1	16.66	21.95	35.84	41.29	58.36	64.05
SCA3-2	13.93	17.24	34.06	39.24	52.86	60.57
SCA3-3	11.00	18.69	30.30	37.91	49.45	57.06

表3.7　抗压强度增长百分率　　　　　　单位：%

试件编号	养护龄期					
	3 d	7 d	14 d	28 d	56 d	90 d
SCA1-0	0	0	0	0	—	0
SCA1-1	−24.09	−9.94	−4.92	1.59	—	5.14
SCA1-2	−18.53	−11.62	−6.44	5.80	—	2.53
SCA1-3	−25.78	−14.64	−18.25	−3.72	—	−6.48
SCA2-0	0	0	0	0	0	0
SCA2-1	−31.57	−18.97	4.50	−1.74	10.91	7.97
SCA2-2	−38.56	−16.29	−4.32	−11.69	−2.07	−4.71

试件编号	养护龄期					
	3 d	7 d	14 d	28 d	56 d	90 d
SCA2-3	−52.58	−38.34	−1.40	−9.36	−7.74	−9.88
SCA3-0	0	0	0	0	0	0
SCA3-1	−32.07	−9.20	−16.66	−14.16	−5.15	3.29
SCA3-2	−43.22	−28.67	−20.80	−15.22	−14.09	−2.32
SCA3-3	−55.15	−22.68	−29.55	−21.18	−19.63	−7.98

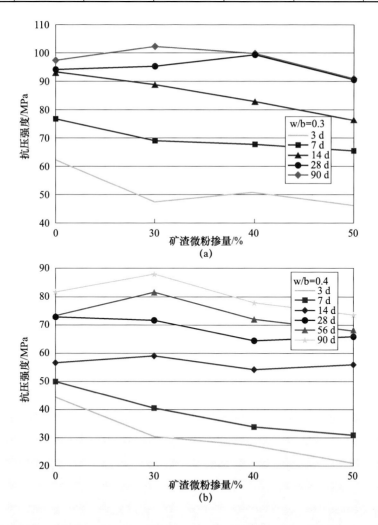

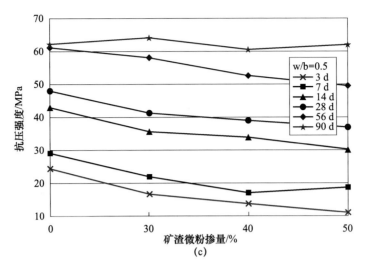

图 3.5　水泥抗压强度与矿渣微粉掺量的关系

根据表 3.6、表 3.7 和图 3.5、图 3.6、图 3.7 中数据，得出以下结论。

（1）不同水胶比时水泥抗压强度与矿渣微粉掺量的关系

通过图 3.5a 看出，在水胶比为 0.3 时，由于矿渣微粉的掺入，使得水泥抗压强度降低，当养护 3 d 时，抗压强度最小，矿渣微粉掺量为 50% 的水泥抗压强度降低最多，减小 25.78%；当养护 7 d、14 d 时，水泥抗压强度随矿渣微粉掺量的增加而减小；当养护 28 d 时，掺矿渣微粉的水泥抗压强度与普通水泥相比开始增加，且掺量为 40% 时强度最大；当养护 90 d 时，水泥抗压强度随矿渣微粉掺量的增加先增大后减小，在矿渣微粉掺量为 30% 时，抗压强度达到最大，较普通水泥增大 5.14%。

通过图 3.5b 看出，在水胶比为 0.4，养护 3 d、7 d 时，水泥抗压强度随矿渣微粉掺量的增加逐渐减小；当养护 14 d、28 d 时，水泥的抗压强度在矿渣微粉掺量为 30% 时最大；随着养护龄期的延长，当达到 56 d、90 d 时两者的水泥抗压强度变化规律基本相同，随矿渣微粉掺量的增加先增大后减小，在矿渣微粉掺量为 30% 时强度最大。

通过图 3.5c 看出，当水胶比为 0.5 时，在养护 56 d 以前，由于矿渣微粉的掺入，使得水泥的抗压强度减小，且随矿渣微粉掺量的增加而增大；当养护到 90 d 时，矿渣微粉掺量为 30% 的水泥抗压强度开始较普通水泥有所增加，当矿渣微粉掺量继续增加时，水泥抗压强度低于普通水泥，但减小幅度不大。

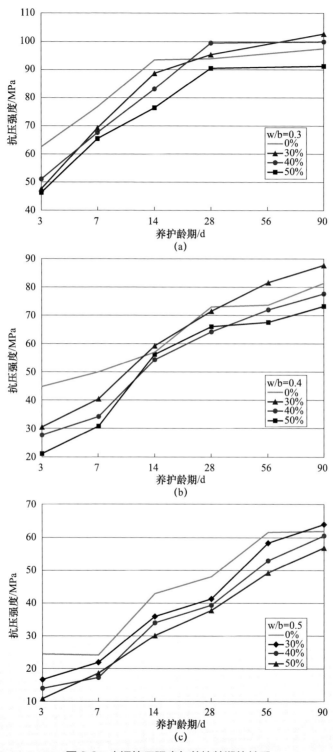

图 3.6　水泥抗压强度与养护龄期的关系

（2）不同水胶比时水泥抗压强度与养护龄期的关系

由图 3.6a 看出，在水胶比为 0.3，养护小于 14 d 时，普通水泥的抗压强度随养护龄期的增加而逐渐增大，当养护超过 14 d 后，水泥的抗压强度的变化趋于平稳；由于矿渣微粉的掺入，在养护小于 14 d 时，水泥抗压强度均小于普通水泥试件，当矿渣微粉掺量为 30% 时，水泥的抗压强度随养护龄期的增加逐渐增大，在养护 28 d 时，水泥的抗压强度超过普通水泥试件，水泥的抗压强度在 14 d 养护期后的增长速率较 14 d 前有所减缓；当矿渣微粉掺量为 40%、50% 时，在 28 d 养护期前，水泥的抗压强度逐渐增大，在养护天数超过 28 d 后，水泥抗压强度的变化趋于平稳，矿渣微粉掺量为 40% 的水泥抗压强度在 28 d 时超过普通水泥试件。

由图 3.6b 看出，当水胶比为 0.4 时，普通水泥的抗压强度随养护龄期的增加逐渐增大；不同矿渣微粉掺量的水泥，其抗压强度随养护龄期的延长逐渐增加，矿渣微粉掺量为 30% 的水泥抗压强度，在养护 56 d 时超过普通水泥试件。

由图 3.6c 看出，当水胶比为 0.5 时，在养护 56 d 前，掺加矿渣微粉的水泥抗压强度均小于普通水泥试件；普通水泥试件的抗压强度在 56 d 养护期前逐渐增大，在养护超过 56 d 后抗压强度变化趋于平缓；矿渣微粉掺量为 30% 的 90 d 水泥抗压强度超过普通水泥试件。

（3）水胶比的影响

通过图 3.7a~ 图 3.7f 看出，不同养护龄期时随着水胶比的增大，不同矿渣微粉掺量的水泥试件抗压强度逐渐减小。

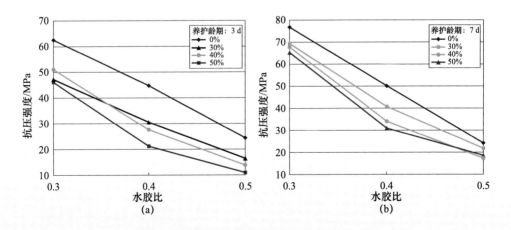

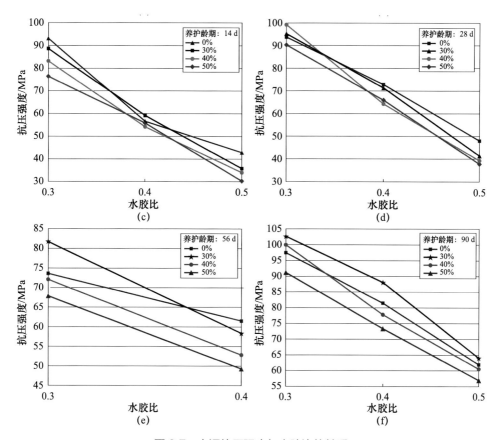

图 3.7　水泥抗压强度与水胶比的关系

　　通过图 3.7f 看出，当养护 90 d 时，水胶比为 0.5、0.4、0.3，矿渣微粉掺量为 30%的水泥试件抗压强度均较普通水泥试件增加；水胶比越小，水泥试件强度增加越快。

3.2.4.3　矿渣微粉影响水泥强度的作用机理

（1）细集料效应

　　由于矿渣微粉颗粒细度较水泥颗粒小，可以对水泥中的孔隙进行填充，因而改善了水泥的孔结构，使水泥结构更加密实，从而提高了水泥强度。

（2）火山灰效应

　　矿渣微粉有潜在的水硬活性，需要依赖水泥水化生成的 $Ca(OH)_2$ 作为激发剂。因此，当采用矿渣微粉取代水泥后，水泥早期水化速度缓慢，水泥强度降低；但随着矿渣微粉吸收水泥水化时形成的 $Ca(OH)_2$，并进一步水化生成更多 C-S-H 凝胶，使界面区的 $Ca(OH)_2$ 晶粒变小，改善了水泥的微观结构，使水泥孔隙率明显降低，水泥后期强度逐渐增加。

3.3 复掺矿渣微粉与粉煤灰改性水泥基材料力学性能研究

3.3.1 试验分组

为了揭示矿渣微粉与粉煤灰之间复合叠加效应对水泥基材料力学性能的影响规律，对矿渣微粉掺量为 50% 时，复掺 10%、20%、30% 的粉煤灰水泥抗折、抗压强度的变化规律进行了实验研究，实验分组情况详见表 3.8。

表 3.8 水泥强度试验试件编号

试件编号	矿渣微粉掺量 /%	粉煤灰掺量 /%	水胶比	养护龄期 /d
S50F10		10		
S50F20	50	20	0.50	3、7、14、28
S50F30		30		

3.3.2 试验结果与讨论

3.3.2.1 水泥抗折强度

当试件养护到规定试验龄期后，测定其水泥抗折强度，试验结果见表 3.9 和图 3.8、图 3.9。

表 3.9 抗折强度试验结果 单位：MPa

试件编号	养护龄期			
	3 d	7 d	14 d	28 d
S50	2.79	5.18	6.29	7.65
S50F10	2.67	4.97	7.19	9.32
S50F20	2.06	4.15	6.97	8.27
S50F30	1.56	3.58	5.88	—

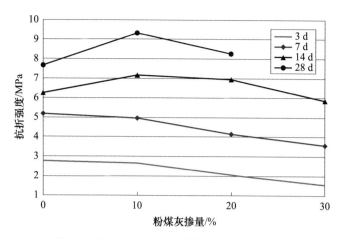

图 3.8　水泥抗折强度与粉煤灰掺量之间的关系

由表 3.9、图 3.8 可以看出，复掺粉煤灰后当养护到 3 d、7 d 时，抗折强度随粉煤灰掺量的增加而逐渐减小；当养护到 14 d、28 d 时，抗折强度随粉煤灰的掺入有先增大后减小的趋势，即在掺入 50% 矿渣微粉的水泥中复掺 10% 的粉煤灰，使其后期抗折强度增加。

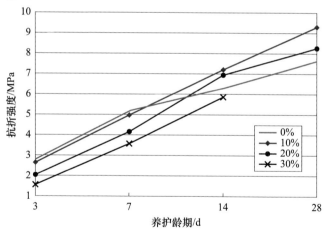

图 3.9　水泥抗折强度与养护龄期之间的关系

由表 3.9、图 3.9 可以看出，水泥抗折强度随养护龄期的增加逐渐增大，粉煤灰掺量为 10%、20% 的水泥抗折强度，在养护 14 d 时超过未掺加粉煤灰的水泥试件；其中粉煤灰掺量为 10% 的水泥抗压强度增长最快。

3.3.2.2　水泥抗压强度

根据我国标准《公路工程水泥及水泥混凝土试验规程》（JTGE 30—2005）规定，抗折试验结束后，将折断的试块制备成 40 mm×40 mm×40 mm 的立方体试件

进行抗压强度试验，实验结果见表 3.10 和图 3.10、图 3.11。

表 3.10　抗压强度试验结果

单位：MPa

试件编号	养护龄期			
	3 d	7 d	14 d	28 d
S50	10.05	18.69	28.01	37.91
S50F10	8.15	19.44	31.83	38.78
S50F20	7.15	15.42	23.48	28.14
S50F30	4.72	12.01	19.11	—

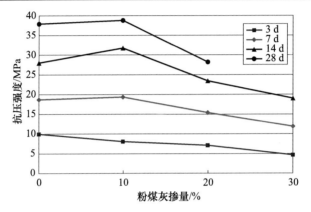

图 3.10　水泥抗压强度与粉煤灰掺量之间的关系

由表 3.10、图 3.10 可以看出，复掺粉煤灰后，水泥养护 3 d 时抗压强度随其掺量的增加逐渐变小；在 7 d、14 d 时，复掺 10% 的粉煤灰使水泥的抗压强度增加，继续增大粉煤灰的掺量，又使其抗压强度逐渐减小；在养护 28 d 时，当粉煤灰掺量小于 10% 时，水泥抗压强度先增大，当粉煤灰掺量超过 10% 后，其抗压强度又逐渐减小。

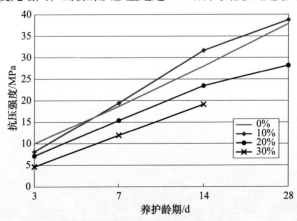

图 3.11　水泥抗压强度与养护龄期之间的关系

由表 3.10、图 3.11 可以看出，水泥抗压强度随养护龄期的延长逐渐增大，其中粉煤灰掺量为 10%、在养护 7 d 时，水泥抗压强度超过未掺加粉煤灰的水泥试件，并随养护龄期的增加，其抗压强度逐渐增大，且较未掺加粉煤灰的水泥试件大。

综上所述，矿渣微粉复掺粉煤灰后对水泥强度的影响主要是由于细颗粒的填充效应和火山灰效应，以及不同颗粒间的相互填充效应所导致的，则有效地增大了水泥的堆积密度，降低了水泥的孔隙率，因此适量的矿渣微粉与粉煤灰能够改善水泥的力学性能。

3.4 小结

本章通过试验，研究了单掺矿渣微粉、复掺矿渣微粉与粉煤灰对水泥力学性能的影响规律，主要结论如下。

（1）矿渣微粉降低了水泥早期抗折强度，且随其掺量的增加抗折强度减小更明显；但水泥的抗折强度会随着龄期的延长逐渐增强，随水胶比的减小逐渐增大；当水胶比为 0.4，矿渣微粉掺量为 50% 时，水泥 56 d、90 d 抗折强度分别较普通水泥试件的抗折强度提高 26.90%、23.71%。

（2）矿渣微粉降低了水泥早龄期的抗压强度，但随养护龄期的增加其抗压强度逐渐增大，并随水胶比的减小逐渐增大，水胶比越小水泥抗压强度增长越快；矿渣微粉对水泥后期抗折强度的改善作用要优于对抗压强度的改善作用；当水胶比为 0.4，掺 30% 矿渣微粉 56 d、90 d 抗压强度较普通混凝土分别提高 10.91%、7.97%。

（3）复掺 50% 矿渣微粉和 10% 粉煤灰水泥抗折、抗压强度改善效果最好；水泥 14 d、28 d 抗折、抗压强度分别提高 14.26%、21.83% 和 13.44%、2.9%；复掺矿渣微粉与粉煤灰对水泥抗折强度的作用效果优于压强度。

第4章

掺矿渣微粉水泥基材料抗氯离子渗透性能研究

4.1 引言

目前，众多有关矿渣微粉改性水泥基材料的抗氯离子渗透性能的研究，主要集中在利用水泥基材料在标准养护条件下养护 28 d 或 56 d 时材料抗氯离子渗透能力来评定其耐久性，而不同龄期材料氯离子的渗透性能尚缺乏系统性研究。基于目前国内外研究现状，本项目对矿渣微粉水泥胶砂 3 d、7 d、14 d、28 d 抗氯离子渗透性能的影响规律开展了试验研究，为研制高抗渗性、高耐久性混凝土提供了科学依据。

4.2 单掺矿渣微粉改性水泥基材料抗氯离子渗透性能研究

4.2.1 试验材料

本次试验所用水泥、矿渣微粉和粉煤灰与本书 3.2 节相同。制备水泥胶砂试件所用砂为厦门产标准砂。

4.2.2 试件制作

为了探讨矿渣微粉对水泥基材料抗氯离子渗透性能的影响，本次试验研究了矿渣微粉对水泥胶砂抗氯离子渗透性的改善作用，试验中考虑的影响因素主要有矿渣微粉掺量、养护龄期等。

本次试验根据养护龄期和矿渣微粉掺量的不同，共需制作 48 个直径 100 mm × 100 mm 的水泥胶砂圆柱体试件，分为 16 组，每组 3 块。在制备试件时，矿渣微粉掺量取 30%、40%、50%，先将矿渣微粉与水泥混合搅拌，再与标准砂进行搅拌，在直径 100 mm × 100 mm 的试模中成型，放入标准养护箱中养护 24 h 拆模，拆模后放入水中继续养护至规定龄期。具体试件分组见表 4.1。

表 4.1　水泥胶砂氯离子渗透试验分组

试件编号	矿渣微粉掺量 /%	水胶比	养护龄期 /d
SC0	0		
SC1	30		
SC2	40	0.5	3、7、14、28
S3	50		

4.2.3　试验方法

本次试验中对水泥基材料氯离子扩散系数的测定根据 RCM 方法，其原理是利用外界溶液的浓度梯度驱动氯离子在水泥基材料中的传输，通过外加电场的电位梯度加速氯离子的移动速度。该方法所测定的氯离子扩散系数可利用 Nernst-Planck 方程计算得出：

$$D = \frac{RT}{z \times FE} \times \frac{x_f}{T} \tag{4.1}$$

式中：x_f 为氯离子渗透深度（mm），T 为时间。

试验中所采用的仪器主要有 RCM-DAL 型氯离子扩散系数测定仪、DS-5510 DTH 型超声波清洗机等。

4.2.3.1　RCM-DAL 型氯离子扩散系数测定仪

本次试验所用的 RCM-DAL 型氯离子扩散系数测定仪主要包括氯离子扩散系数测定仪主机、夹具（硅胶筒、环箍、阴阳极接线柱、有机玻璃支架、电解槽）及测试线，测试主机为电流采集与控制的处理器，夹具用来固定混凝土试件并施加电压，测试主机通过测试线向夹具两端输出 30 ± 0.2 V 的电压。

本设备配置三个电解槽，每次可同时试验 2 组（6 个标准试件），通电后测试主机自动采集电流并显示电流值。该仪器适用于骨料最大粒径不大于 25 mm 的实验

室制作或者从实体结构取芯获得的混凝土试件的氯离子扩散系数的测定。满足《混凝土结构耐久性设计与施工指南》中的要求。

4.2.3.2 DS-5510 DTH 超声波清洗机

在开展水泥基材料氯离子扩散系数试验时，首先使用 DS-5510 DTH 型超声波清洗机对所测试件进行规定时间的超声浴处理。该设备释放高于 20 kHz 的超声波，利用空化效应实现混凝土饱水饱盐。

4.2.4 试验过程

RCM 法测定氯离子扩散系数的试验过程主要包括试件准备、试验准备、电迁移过程、氯离子扩散深度测定以及试验结果计算。

4.2.4.1 试件准备

将制备好的水泥胶砂和混凝土试件在试验前打磨成标准尺寸试件（直径 100 ± 1 mm，高度 $h=50 \pm 2$ mm），并用水砂纸、细锉刀打磨光滑，再继续浸没于水中养护至测试龄期。

4.2.4.2 试验准备

试验室温度控制在 20 ± 1 ℃，试件安装前需进行 5 min 超声浴处理，超声浴槽需用室温水洗干净，试件的表面应该保持干净，无油污、灰砂和水珠。试件安装前需用游标卡尺测量其直径和高度（精确至 0.1 mm），并将数据填入相应记录表中。

试验前用室温饮用水将电解槽冲洗干净，然后把试件装入橡胶筒的一端，用两个不锈钢环箍固定，并拧紧两个环箍上的螺丝至扭矩 30 ± 5 N·m，使试件侧面处于密封状态。然后将阳极不锈钢导管与阳极板相连放入橡胶筒内，作为测试电极的正极，再将主机测试线与试验夹具正负极连接。

4.2.4.3 电迁移过程

将安装好试件的硅胶筒放到电解槽中，安装好阳极后，在硅胶筒中注入 335 mL 的 0.2 mol/L KOH 溶液，使阳极板和试件表面均浸没于溶液中。

在电解槽中注入含 5% NaCl 的 0.2 mol/L KOH 溶液，直至与橡胶筒中 KOH 溶液的液面齐平。正确连接正负极测试线，将温度传感器放入阳极溶液，打开测试机主机电源进行电迁移过程。打开电源后，立即同步测定串联电流和电解液初始温度（精确到 0.2 ℃），并根据初始电流确定试验时间。初始电流与试验时间的关系见表4.2。试验结束时，先关闭电源，测定阳极电解液最终温度，断开连线，取出试件，清洗电解槽。

表 4.2　初始电流和试验时间

初始电流 I_0/mA	$I_0 < 5$	$5 \leqslant I_0 < 10$	$10 \leqslant I_0 < 30$	$30 \leqslant I_0 < 60$	$60 \leqslant I_0 < 120$	$120 \leqslant I_0$
试验时间 /h	168	96	48	24	8	4

4.2.4.4　氯离子扩散深度测定

取出试件后，将试件放平沿中心劈开。在劈开的试件表面均匀喷涂 0.1 mol/L 的 AgNO₃ 溶液，15 min 后可观察到白色 AgNO₃ 沉淀，测量白色沉淀物的宽度，如图 4.1 所示位置测定值（精确至 1 mm）的平均值即为显色深度。

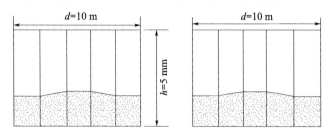

图 4.1　氯离子渗透深度显色示意图

4.2.4.5　试验结果

试件氯离子扩散系数计算：

$$D_{\text{RCM}} = 2.872 \times 10^{-6} \, \frac{Th(x_d - a\sqrt{x_d})}{t} \qquad (4.2)$$

$$a = 3.338 \times 10^{-3}\sqrt{Th}$$

式中：D_{RCM} 为试件的氯离子扩散系数（m²/s），T 为阳极电解液初始和最终温度平均值（K），h 为试件高度（m），x_d 为氯离子扩散深度（m），t 为试验通电时间（s），a 为辅助变量。

混凝土氯离子扩散系数为 3 个试样的平均值。如任意一个测量值与中间值的差值超过中值的 15%，则取中值为测定值；如有两个测量值与中值的差值都超过中值的 15%，则该组试验结果无效。

4.2.5　试验结果与讨论

图 4.2 给出了水泥胶砂试件在养护 3 d、7 d、14 d、28 d 时，氯离子的渗透深度，通过式 4.2 计算得到其氯离子扩散系数，具体试验结果见表 4.3、表 4.4 和图 4.2。

表 4.3　水泥胶砂氯离子扩散系数试验结果　　　　　单位：m²/s

试件编号	养护龄期			
	3 d	7 d	14 d	28 d
SC0	3.64957×10^{-11}	2.49884×10^{-11}	2.06231×10^{-11}	1.73755×10^{-11}
SC1	4.98905×10^{-11}	2.79204×10^{-11}	1.50533×10^{-11}	7.9104×10^{-12}
SC2	5.72045×10^{-11}	2.92182×10^{-11}	1.46077×10^{-11}	7.59668×10^{-12}
SC3	5.96087×10^{-11}	2.37297×10^{-11}	1.11987×10^{-11}	4.78341×10^{-12}

表 4.4　氯离子扩散系数增长百分比　　　　　单位：%

试件编号	养护龄期			
	3 d	7 d	14 d	28 d
SC1	0	0	0	0
SC2	36.70	11.73	−27.01	−54.47
SC3	56.74	16.93	−29.17	−56.28
SC4	63.33	−5.04	−45.70	−72.47

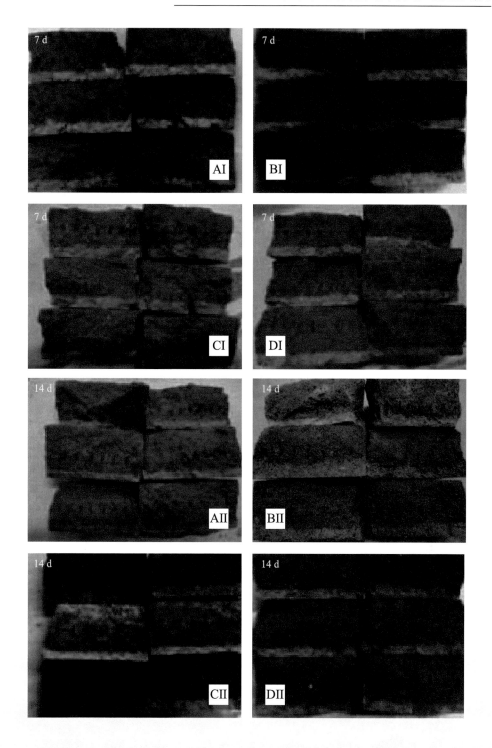

图 4.2　不同养护龄期氯离子渗透深度

4.2.5.1　水泥胶砂氯离子扩散系数与矿渣微粉掺量的关系

由图 4.3 可以得到以下结论。

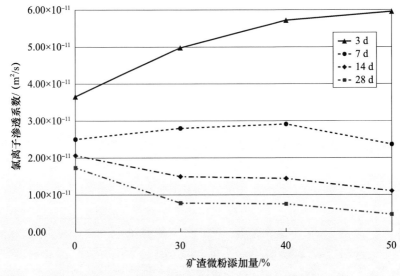

图 4.3　水泥胶砂氯离子扩散系数与矿渣微粉掺量的关系

（1）养护龄期在 3 d 时，矿渣微粉使得水泥胶砂的氯离子渗透系数增大，并且随矿渣微粉掺量的增加而增大，掺入矿渣微粉的胶砂试件比没掺加的试件氯离子渗透系数分别增大 36.70%、56.74%、63.33%。

（2）养护龄期在 7 d 时，当掺加 30%、40% 的矿渣微粉时，水泥胶砂试件的氯离子渗透系数均比没掺加矿渣微粉的试件大，分别增大 11.73%、16.93%，且随掺量的增加而增大；当矿渣微粉掺量 40%~50% 时，水泥胶砂试件中氯离子渗透系数随矿渣微粉掺量的增加而减小；当矿渣微粉的掺量为 50% 时，水泥胶砂试件的氯离子渗透系数较未掺加的试件减小了 5.04%。

（3）养护龄期在 14 d 时，氯离子扩散系数随着矿渣微粉掺量的增加逐渐减小，与未掺矿渣微粉的试件相比分别减小 27.01%、29.17%、45.70%，由此可以看出掺入 50% 的矿渣微粉能够显著提高水泥胶砂的抗氯离子渗透性能。

（4）养护龄期在 28 d 时，氯离子扩散系数随着矿渣微粉掺量的增加逐渐变小，与普通水泥胶砂相比分别减小 54.47%、56.28%、72.47%，且在矿渣微粉掺量为 50% 时，减小最明显。

4.2.5.2　水泥胶砂氯离子扩散系数与养护龄期的关系
由图 4.4 可以得到以下结论。

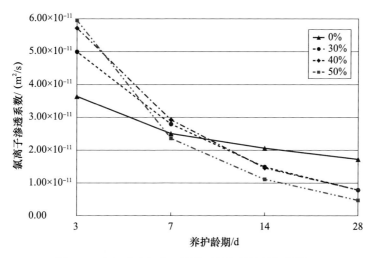

图 4.4　水泥胶砂氯离子扩散系数与养护龄期的关系

所有水泥胶砂试件的氯离子扩散系数随养护龄期的增加逐渐减小；普通水泥胶砂试件的氯离子扩散系数随养护龄期的延长减小幅度逐渐减小；矿渣微粉掺量为 50% 的水泥胶砂试件在养护 7 d 时，其氯离子扩散系数较普通水泥胶砂试件减小；在养护 14 d 时，掺加矿渣微粉的水泥胶砂试件，其氯离子扩散系数均小于普通水泥

胶砂，并随养护龄期的增加继续减小，且均小于普通水泥胶砂试件；其中矿渣微粉掺量为 50% 的水泥胶砂试件的氯离子扩散系数减小最快。

综上分析，矿渣微粉能够显著改善水泥胶砂抗氯离子渗透性能，不仅能够吸收水化产物 Ca（OH）$_2$ 并进一步生成 C-S-H 凝胶，使 Ca（OH）$_2$ 晶粒变小，改善胶砂微观结构，强化集料界面的黏结力，使其抗渗性提高，还可以填充水泥颗粒间的孔隙，改善了胶砂的孔结构，降低孔隙率，使其结构密实性提高，进而显著提高水泥胶砂的抗氯离子渗透性能；此外，矿渣微粉还具有较强的吸附氯离子的能力，能有效地阻止氯离子渗透进入水泥胶砂，提高其抗渗透性能。

4.3 复掺矿渣微粉与粉煤灰改性水泥基材料抗氯离子渗透性能研究

4.3.1 试验分组

为了探讨复掺矿渣微粉与粉煤灰两种矿物掺合料共同作用对水泥基材料抗氯离子渗透性能的影响，本试验研究了矿渣微粉掺量 50% 的水泥胶砂，复掺 10%、20%、30% 粉煤灰对其氯离子扩散系数的影响规律。具体试验分组见表 4.5。

表 4.5　水泥胶砂氯离子渗透试验分组

试件编号	矿渣微粉掺量 /%	粉煤灰掺量 /%	水胶比	养护龄期 /d
S50F10		10		
S50F20	50	20	0.50	7、28、56
S50F30		30		

4.3.2 试验结果与讨论

图 4.5 给出了水泥胶砂试件在养护 7 d、28 d、56 d 时，氯离子的渗透深度，通过式 4.2 计算得到其氯离子扩散系数，具体试验结果见表 4.6、表 4.7 和图 4.6、图 4.7。

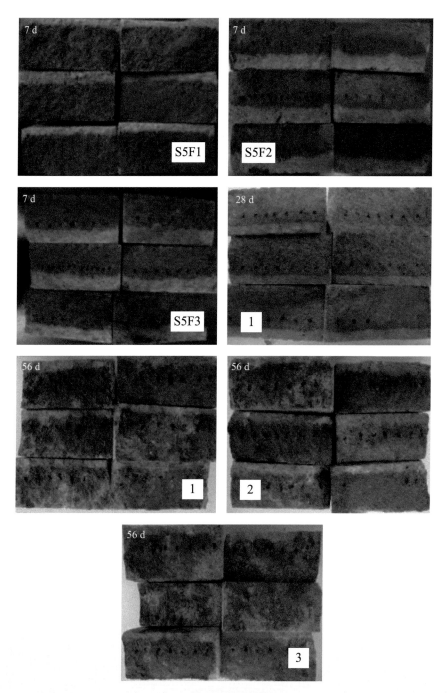

图 4.5　氯离子在砂浆中的渗透深度

表 4.6　水泥胶砂氯离子扩散系数试验结果　　　　　单位：m²/s

试件编号	养护龄期		
	7 d	28 d	56 d
S50	2.37297×10^{-11}	4.78341×10^{-12}	1.84855×10^{-12}
S50F10	8.62882×10^{-12}	3.28327×10^{-12}	1.15965×10^{-12}
S50F20	3.65747×10^{-12}	2.94445×10^{-12}	8.38137×10^{-13}
S50F30	6.89098×10^{-12}	—	6.86841×10^{-13}

表 4.7　氯离子扩散系数增长百分比　　　　　　单位：%

试件编号	养护龄期		
	7 d	28 d	56 d
S50	0	0	0
S50F10	−63.64	−31.36	−37.27
S50F20	−84.59	−38.44	−54.66
S50F30	−70.69	—	−62.84

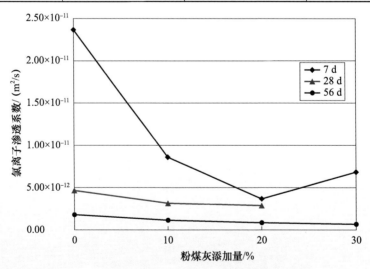

图 4.6　水泥胶砂氯离子扩散系数与粉煤灰掺量的关系

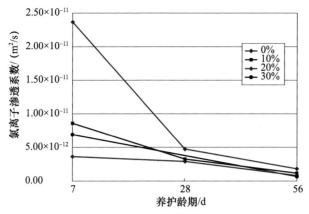

图 4.7　水泥胶砂氯离子扩散系数与养护龄期的关系

（1）由图 4.6 可得，在试验龄期为 7 d 时，矿渣微粉水泥胶砂试件的氯离子扩散系数先减小后增大，其中在粉煤灰掺量为 20% 时最大，较未掺加粉煤灰的水泥胶砂试件减小 84.59%，能够显著提高水泥胶砂抗氯离子渗透性能。

（2）由图 4.7 可得，试验养护 56 d 时，矿渣微粉水泥胶砂试件的氯离子扩散系数，随粉煤灰掺量的增加逐渐减小，其中粉煤灰掺量为 30% 的水泥胶砂试件的氯离子扩散系数随养护龄期的增加减少最快，较未掺加粉煤灰的水泥胶砂试件减小 62.84%，即其抗氯离子渗透性能最佳。

综上所述，矿渣微粉水泥胶砂试件的氯离子扩散系数明显降低，即其抗氯离子渗透性能显著提高，主要是由于矿渣微粉与粉煤灰之间的叠加效应促进了水泥水化反应的进行，使水泥胶砂试件的微观结构更加密实，孔隙率降低，进而提高了水泥胶砂的抗氯离子渗透性能。

4.4　小结

本章主要对单掺矿渣微粉以及复掺矿渣微粉与粉煤灰对水泥胶砂的抗氯离子渗透性能的影响开展了试验研究，得到了单掺矿渣微粉以及复掺矿渣微粉与粉煤灰水泥胶砂氯离子扩散系数的发展规律，其主要结论如下。

（1）单掺矿渣微粉水泥胶砂 3 d 抗渗性降低明显，矿渣微粉掺量越多，抗渗性越差；14 d、28 d 抗渗性显著提高，当矿渣微粉掺量为 50% 时，改善效果最为明显，单掺矿渣微粉水泥胶砂 14 d、28 d 抗渗性分别提高 45.70%、72.47%。

（2）复掺 50% 矿渣微粉和 20% 粉煤灰的水泥胶砂 7 d、14 d、28 d 抗氯离子渗透性分别提高 84.59%、38.44%、54.66%；当粉煤灰掺量为 30% 时，水泥胶砂 28 d 抗氯离子渗透性能提高最为显著，较普通水泥胶砂提高 62.84%。

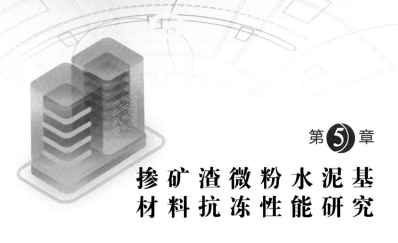

第 5 章
掺 矿 渣 微 粉 水 泥 基
材 料 抗 冻 性 能 研 究

5.1 引言

抗冻性是评价水泥基材料耐久性的最重要指标之一。水泥基材料抗冻耐久性是指在潮湿环境中，经过多次冻融循环仍保持其使用性能的能力，是影响水泥基材料使用寿命与服务质量的一个非常重要的因素。由于冻害发生的范围极其广泛以及对水泥基材料耐久性的影响十分严重，已引起了国内外学者的广泛关注。因此，研究矿渣微粉对水泥基材料抗冻性能的影响十分必要。

为了研究矿渣微粉及复掺粉煤灰对混凝土抗冻性的影响，对单掺 50% 矿渣微粉混凝土以及复掺 50% 矿渣微粉与 10%、20% 粉煤灰混凝土的抗冻性进行了试验研究。

5.1.1 冻融破坏机理

水泥基材料的冻融破坏是比较复杂的物理变化过程。一般认为，冻融破坏主要是因为在某一冻结温度下，水结冰产生体积膨胀，过冷水发生迁移，引起各种压力，当压力超过混凝土承受的应力时，混凝土内部孔隙及微裂缝逐渐扩大、扩展并互相连通，使得强度逐渐降低，造成混凝土破坏。

冻融破坏理论主要有静水压力经典理论、渗透压理论、冰棱镜理论、基于过冷液体的静水压修正理论、饱水度理论等；其中静水压力经典理论最具有代表性。目前公认程度较高的是美国学者 T. C. Powers 提出的膨胀压理论和渗透压理论，他认为吸水饱和的混凝土在冻融过程中遭受的破坏力主要有膨胀压力和渗透压力。混凝土在潮湿条件下，首先毛细孔吸满水，混凝土在搅拌成型时都会带一些大的空气泡，这些空气泡内壁也能吸附水，但在常压下很难吸满水，通常情况下仍存留没有水的空间。在低温下毛细孔中水结成冰，体积膨胀，趋向于把未冻水推向大的空气泡方向流动，从而形成静水压力。而冰的饱和蒸汽压小于水，这个蒸汽压差推动未冻水向冻结区迁移，这就是渗透压。

对静水压和渗透压何者是冻融破坏的主要因素，很多学者有不同的见解。有学者偏向渗透压假说，而一些研究结果却从不同侧面支持了静水压假说。从理论分析计算着手及客观实验出发论证了静水压和渗透压大小、危害作用及程度，最终得出静水压是混凝土冻害的主要因素。渗透压假说和静水压假说的最大不同在于未结冰孔溶液迁移的方向。

目前静水压和渗透压既不能由试验测定，也很难用物理化学公式准确计算。一般认为，水胶比大、强度较低以及龄期较短、水化程度较低的混凝土静水压力破坏占主导作用；而对于水胶比较小、强度较高及含盐量大环境下冻融混凝土，渗透压起主要作用。对静水压理论提出质疑，认为结冰后混凝土强度反而提高。按照静水压理论，只有在至少一端封闭的孔中才会产生静水压，但是混凝土中的毛细孔比较复杂，可能存在两端连通、两端封闭或者一端连通的其中一种或者三种同时并存的情况，因此需要考虑该理论是否具有一定的适用条件。

渗透压的产生首先需要渗透膜，允许一部分溶液通过，但是混凝土材料中何种物质起渗透膜的作用目前尚无定论，有的学者认为凝胶起了渗透膜的作用，但并没有证据。有的学者用饱水石膏试件进行试验，发现冰冻时也发生了膨胀，而石膏内部不存在孔溶液差，因此不可能形成渗透压，关于渗透压还需要进一步的研究论证。

国外学者从热力学角度分析了固、液、气（冰、水、蒸汽）三相平衡共存的条件，指出混凝土冻融破坏的必然性。众所周知，石子或石材的孔隙中的盐结晶会产生应力，从而导致开裂。冰与盐结晶相似，结晶的时候也会产生应力，称为结晶压，是导致破坏的一个重要原因。盐结晶的驱动力是过饱和度，冰的驱动力是过冷度。凝固过程就是产生晶核和晶核生长的过程，而且这两种过程是同时进行的。

结晶压是研究冻融破坏的一个重要参数，通过试验测出了不同溶液的结晶压，然而结晶压在混凝土中如何作用尚有待深入研究。

一些学者提出冻胀力的概念，即混凝土在受冻时，内部自由水结冰，体积膨胀，从而产生压力。当温度降低到混凝土孔溶液的冰点时，存在于混凝土中的水有一部分开始结冰，逐渐由液相变为固相，这时参与水泥水化作用的水减少了，水化作用减慢，强度增长相应较慢。硬化早期，水泥水化未完全，早期强度也小，水冻结成冰后，体积大约膨胀 9%，这个冻胀应力值常常大于水泥石内部形成的初期强度值，使混凝土受到不同程度的破坏而导致强度降低和耐久性下降。有学者认为，多孔材料的冻融破坏归根结底是一种力学行为，只有从力学的角度出发才能加以阐明。混凝土在冻融作用下的破坏，是由于混凝土内部的水在冻结时发生体积膨胀引起的，问题在于，水在冻结时以怎样的方式产生破坏力，通过试验计算出毛细管周围混凝土体所处的应力状态，推得 –18 ℃时包裹着球形水体的冰壳上最大的切向拉应力为 90 MPa，如此之大的拉应力是冰和混凝土所无法承受的。由于混凝土内部结构非常复杂，具有多尺度性，是一种不均匀材料，近期又有人利用 CT 探测静动力荷载条件下材料内部的裂纹演化过程，尤其是 X 射线 CT 技术的无损动态特性，为混凝土破坏的细观机理的研究提供了可能。在分析混凝土冻害机理时，结冰后一部分水泥石膨胀，而另一部分水泥石由于水化硅酸钙凝胶失水而产生收缩，要考虑这两部分的叠加作用。温度应力这一假说主要是针对高强或高性能混凝土冻融破坏现象提出的，该假说认为高强或高性能混凝土冻融破坏主要是因为集料与胶凝材料之间热膨胀系数相差较大，在温度变化过程中变形量相差较大，从而产生温度疲劳应力破坏。

5.1.2　冻融破坏的影响因素

5.1.2.1　孔结构

常温下，硬化混凝土是由未水化的水泥、水泥水化产物、集料、水、空气共同组成的气 - 液 - 固三相平衡体系。当混凝土处于负温时，孔隙中的水发生相变，对连通的毛细孔混凝土抗冻性影响最大。混凝土中的孔隙一般分为水泥石中的凝胶孔、毛细孔和大气孔三种。

（1）凝胶孔不受冻害。

（2）孔径较小的毛细孔（约 320 μm 以下），由于其中水冰点极低，一般也不受冻害。

（3）1000 μm 以上的毛细孔则受冻融作用影响，大的气孔中的水结冰是混凝土受冻破坏的最主要危害因素。

孔结构理论认为混凝土的冻融破坏与混凝土内部微孔结构有关，他把孔分为四级：$r < 20\ \mu m$ 为无害孔，$20\ \mu m \leqslant r < 50\ \mu m$ 为少害孔，$50\ \mu m \leqslant r < 200\ \mu m$ 为有害孔；$r > 200\ \mu m$ 为多害孔，对混凝土冻融破坏影响较大的为 $> 100\ \mu m$ 的孔。孔结构之所以与冻融破坏有密切的联系，主要体现在孔中的水在冻融循环过程中的作用。一般来说，孔隙率越大，相对含水量越多，则可冻水量也就越多。水灰比直接影响混凝土的孔隙率及孔结构。随着水灰比的增大，不仅含有可冻水的开孔体积增加，而且平均孔径也增大，因而混凝土的抗冻性必然降低。

硬化混凝土孔结构参数包括孔隙率、孔径大小、孔径分布、孔形状和气泡间距系数。孔径大小决定了混凝土孔中水的冰点，孔径越小，冰点越低，成冰率也低，从而减小因结冰引起的对混凝土的破坏，提高了混凝土的抗冻性。气泡参数中最主要的指标是气泡间距系数（L），一般 L 越小，混凝土抗冻性越好。严寒地区混凝土工程一般要求使用引气剂改善内部结构，增强其抗冻性。随着土木工程材料研究的不断深入，人们发现引气剂提高混凝土抗冻性的效果取决于混凝土气泡参数，即气泡尺寸、数量及分布等。

5.1.2.2 饱水度

水是造成混凝土受冻破坏的主要原因，混凝土中水的存在形式是由混凝土的孔隙结构决定的。水在混凝土中基本上呈三种方式存在：化学结合水、物理吸附水和自由水。

（1）化学结合水为水泥水化后生成的水化产物的组成部分，随着水化产物增多，这部分水的数量也增多。但通常的温度升高和降低，对它无影响。

（2）物理吸附水吸附在水泥水化的凝胶体表面，形成很薄的一层吸附层，这部分水量很少，结冰温度较低，−78 ℃以下才会结冰，对混凝土影响不大。

（3）自由水广泛存在于混凝土的大小不同的毛细孔或大孔中，其数量多少和毛细孔直径有关，这部分水在毛细孔中是可迁移的，在常压下，随温度升高可蒸发；当温度降低到 0 ℃以下时，这部分水即转变为固相冰，且由于体积膨胀，会对混凝土内部结构产生破坏作用。而混凝土受冻害程度与孔隙中饱水程度有关，也就肯定了水转化成冰的相变过程的说法。在实践上，由于测定重量含水率比较容易，因此常以含水率的大小来评定混凝土孔隙中的充水程度。一般认为，含水量小于孔隙总体积的 91.7% 不会产生冻结膨胀压力，该数值被称为临界饱水度。在混凝土完全饱水状态下其冻结膨胀压力最大。

混凝土的饱水状态主要与混凝土结构的部位及其所处自然环境有关。一般来讲，自然环境中的混凝土结构的含水量均达不到该临界值，而处于潮湿环境的混凝土结构的含水量比临界值明显要大。最不利的部位是水位变化区，该处的混凝土经常处于干湿交替变化的条件下，受冻时极易破坏。另外，由于混凝土表面层含水率通常大于其内部的含水率，且受冻时表面的温度又低于内部的温度，所以冻害往往从表层开始逐步向内部深入发展。现行的有抗冻要求的混凝土都要对其水灰比做出限制，水灰比越小，其抗冻性越好。如果混凝土中的孔隙水都达不到饱和，也就不存在冻胀破坏及水分迁移，冻融临界饱水值法就是基于 Fagerland 理论提出的。冻

融临界饱水值法认为混凝土能够容纳的可冻结含水量存在一个临界值，当内部水量未达到临界值时，即使出现冻害环境，混凝土也不会被冻坏，到达临界值之后，混凝土将迅速破坏。混凝土饱水程度越大，可冻水量越大，按照临界饱水度理论，当混凝土饱水程度超过临界值时，混凝土发生破坏。但也有试验发现，当饱水程度未达到临界值时也会发生冻融破坏，这方面还有待进一步研究证实。

5.1.2.3　含气量及环境条件

含气量也是影响混凝土抗冻性的主要因素，特别是加入引气剂形成的微细气孔对提高混凝土抗冻性尤为重要。这些互不连通的微细气孔在混凝土受冻初期能使毛细孔中的静水压力减小，起到减压作用。在混凝土受冻结冰过程中，这些孔隙可阻止或抑制水泥浆中微小冰体的生成。每一种混凝土拌合物都有一个可防止其受冻的最小含气量。环境条件主要是指混凝土所处环境的最低冻结温度、降温速率、冻结龄期等。冻结温度越低，破坏越严重。降温速率对混凝土的冻融破坏也有一定的影响，且随着冻融速率的提高，冻融破坏力加大，混凝土容易破坏。

5.2　试验研究

5.2.1　试验材料

本次试验所用的水泥和矿渣微粉、粉煤灰与本书 3.2 节相同，砂子为大河中砂，石子为 1~3 mm 的碎石，具体混凝土配合比见表 5.1。

表 5.1　混凝土配合比　　　　　　　　　　　　　　　　　　　单位：kg

水泥	矿渣微粉	粉煤灰	水	砂	石子
350	0	0	175	619	1265
175	175	0	175	619	1265
140	175	35	175	619	1265
105	175	70	175	619	1265

5.2.2　试件制作

为了研究矿渣微粉及粉煤灰对水泥混凝土抗冻性能的影响，对单掺矿渣微粉水泥混凝土以及复掺矿渣微粉与粉煤灰水泥混凝土，根据《普通混凝土，长期性能和耐久性能试验方法》（GBJ 82—85）进行抗冻性试验研究。

根据表 5.1 中混凝土的配合比，浇筑 100 mm×100 mm×400 mm 水泥混凝土试件，每组 3 个试件。在标准养护室养护 24 h 后拆模，继续养护至规定试验龄期，进行冻融循环试验。具体试件分组见表 5.2。

表 5.2　试件分组

试件编号	矿渣微粉掺量 /%	粉煤灰掺量 /%	水胶比	养护龄期 /d
S0	0	0		
S5	50	0		
S5F1	50	10	0.5	28
S5F2	50	20		

5.2.3　试验方法及试验过程

本次试验主要是对水泥混凝土养护 28 d 时，在冻融循环条件下其质量与动弹模量的变化规律进行研究，并研究冻融循环对其电阻率的影响规律。根据《普通混凝土长期性能和耐久性能试验方法》（GBJ 82—85）中的快冻法进行试验。主要试验仪器有：快速冻融试验箱、混凝土动弹仪和电阻率测定仪。

5.2.3.1　主要仪器

（1）快速冻融试验箱。本次试验采用北京首瑞测控技术有限公司研制的快速冻融试验箱，该设备由压缩机、冷凝器、膨胀阀、PC 机、测控模块、温度传感器组成。设备主要指标参数为：冻融箱内可放置 16 个橡胶筒，中心试件温度上限为 8 ℃（2~15 ℃可调）；中心试件温度下限为 –17 ℃（–5~25 ℃可调）；防冻液温度上限 22 ℃，温度下限 –22 ℃；单个循环周期 2~4 h（可调）。

（2）混凝土动弹仪。本试验采用 DT-12 型混凝土动弹仪。该设备主要技术指标和参数为：频率测量范围 100~10000 Hz；测量误差 < 2%；频率灵敏度 1 Hz。

（3）电阻率测定仪。试验采用 Resitest-400 电阻率测试仪测量混凝土电阻率。

5.2.3.2　测试过程

（1）快速冻融循环试验过程

①冻融试验前 4 d 将试件从养护槽取出，然后放在温度为 15~20 ℃的水中浸泡（包括冻融试件和中心测温试件），浸泡时水面高出试件顶面 20 mm。

②试件浸泡 4 d 后取出，用湿布擦除表面水分后，称重；将混凝土冻融试件放

入橡胶套桶内并加水，水位高出试件顶面 5 mm 左右，将套桶放入冻融箱（将装有中心测温试件的套桶放在冻融箱的中心位置）。

③冻融循环试验的每次冻融循环控制在 2~4 h 内完成，其中融化时间不得小于整个冻融循环时间的 1/4，在冻结和融化终了时，试件中心温度分别控制在 –17 ± 2 ℃和 8 ± 2 ℃；每块试件从 6 ℃降至 –15 ℃所用时间不低于冻结时间的 1/2；每块试件从 –15 ℃升至 6 ℃所用时间不低于融化时间的 1/2，试件内外温差不超过 28 ℃；冻结和融化的转换时间不超过 10 min。冻融循环过程温度变化曲线如图 5.1 所示。

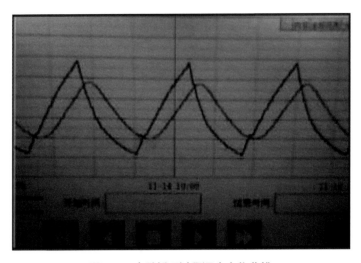

图 5.1　冻融循环过程温度变化曲线

④每隔 25 次冻融循环做一次横向基频测量，测量前应将试件表面浮渣清洗干净，擦去表面水分后进行称重，并检查其外部损伤。测完后，应将试件掉头后重新装入试件盒内。冻融过程中出现以下三种情况之一即停止试验：

（a）已达到 300 次循环；

（b）相对动弹模量下降到 60% 以下；

（c）重量损失率达 5%。

试验中混凝土相对动弹模量按式 5.1 计算：

$$P=\frac{f_n^2}{f_0^2}\times 100 \tag{5.1}$$

式中：P 为 n 次冻融循环后的相对动弹模量，以三个试件的平均值计算（%）；f_n^2 为 n 次冻融循环后时间的横向基频（Hz）；f_0^2 为冻融试验前的试件横向基频初始值

（Hz）。

冻融循环后的质量损失率：

$$\Delta W_n = \frac{G_0 - G_n}{G_0} \times 100 \qquad （5.2）$$

式中：ΔW_n 为 n 次冻融循环后的质量损失率，以三个试件的平均值计算（%）；G_0 为冻融循环前的试件质量（kg）；G_n 为 n 次冻融循环后的试件质量（kg）。

（2）动弹模量测定过程

本次试验测定混凝土动弹模量，以检验混凝土在经受冻融循环作用后遭受破坏的程度，并以此评价其耐久性能。设备输出频率为 100~2000 Hz，输出功率激励混凝土试件，使其产生受迫振动，以便根据共振原理定出混凝土基频振动频率，具体实验过程如下。

①测定试件质量和尺寸。质量精度控制在 0.5% 范围内，尺寸精度控制在 1% 范围内。

②将试件安放在支承体上，支承体一般宜为软泡沫塑料垫，并定出激振换能器和接收换能器的位置。

③输入测量参数，调整频率范围，然后开始测量。当测量完成时，屏幕会显示出共振发生时的激振频率，即基频。每一测点应重复测量两次以上，如果两次测量值之差不超过 0.5%，则取这两个测量值的平均值作为该试件的测试结果。

④测量过程中应尽量避免周围有振动干扰，否则测量基频不能真实反映试件的实际振动频率。

5.2.4 试验结果分析与讨论

5.2.4.1 受冻融破坏的混凝土外观变化

图 5.2~ 图 5.5 给出了普通混凝土及掺入矿渣微粉与粉煤灰后混凝土在不同冻融循环周期时外观的变化情况。

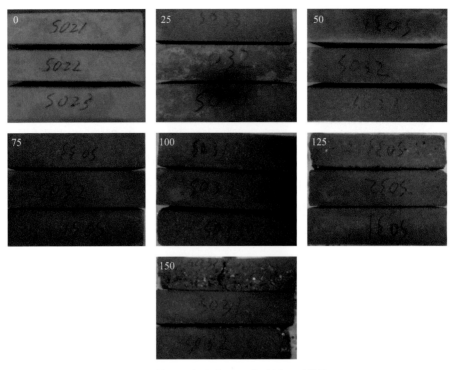

图 5.2　普通混凝土在不同冻融过程时的外观

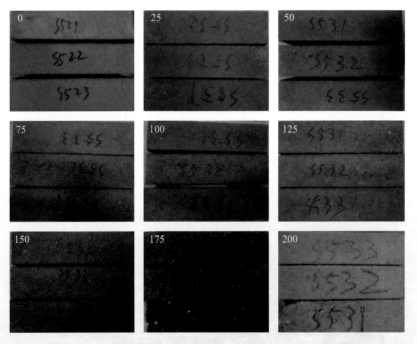

图 5.3　矿渣微粉掺量 50% 混凝土在不同冻融过程时的外观

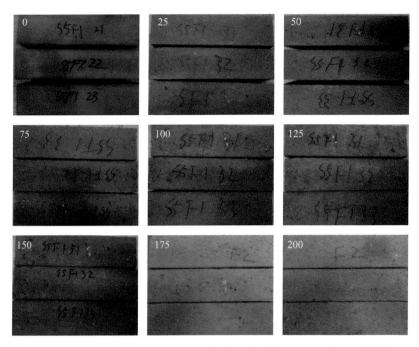

图 5.4　复掺 50% 矿渣微粉与 10% 粉煤灰混凝土在不同冻融过程时的外观

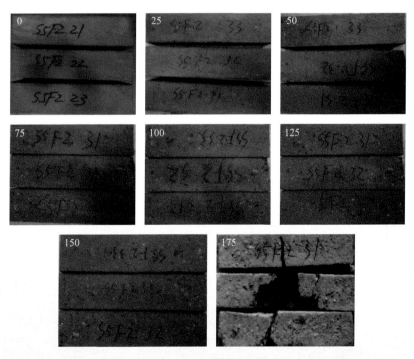

图 5.5　复掺 50% 矿渣微粉与 20% 粉煤灰混凝土在不同冻融过程时的外观

由图 5.2~ 图 5.5 可以看出，受冻融破坏的混凝土试件，随着冻融循环次数的增加，试件外观发生明显的变化。未遭受冻融破坏的试件表面平整光滑，经过冻融破坏后，表面砂砾开始脱落，试件表面变得粗糙；随冻融次数越多，剥蚀现象越严重，粗骨料露出试件表面并脱落，最终试件表面产生微裂缝，导致试件断裂破坏。

5.2.4.2 质量损失率

根据混凝土冻融循环试验方法，试验中测定不同冻融循环周期时混凝土试件的质量损失率，其变化规律如图 5.6 所示。

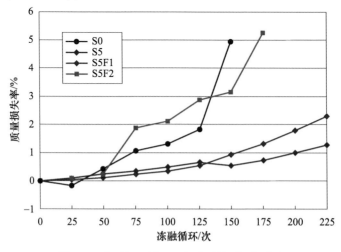

图 5.6 冻融循环过程混凝土试件质量损失率

由图 5.6 可以看出，普通混凝土在冻融循环小于 25 次时，其质量先增加；当循环次数大于 25 次时，其质量随着冻融循环次数的增加逐渐减小。掺入矿渣微粉和粉煤灰的混凝土，其质量随冻融循环次数的增加逐渐减小，其中复掺 50% 矿渣微粉与 20% 粉煤灰的水泥混凝土的质量在 25 次冻融循环后迅速减小；单掺 50% 矿渣微粉的水泥混凝土也随冻融循环次数的增加逐渐减小，但减小幅度比较平缓；在 125 次冻融循环以前，复掺 50% 矿渣微粉与 10% 粉煤灰的水泥混凝土质量变化规律与单掺 50% 矿渣微粉时相似，两者质量变化相差不大，当冻融循环次数超过 125 次后，复掺 50% 矿渣微粉与 10% 粉煤灰的水泥混凝土质量损失率逐渐超过单掺 50% 矿渣微粉的水泥混凝土。由图 5.6 可见，单掺 50% 矿渣微粉水泥混凝土能经受冻融循环次数最多，即其抗冻性能最好；当掺量 50% 矿渣微粉水泥混凝土复掺粉煤灰时，粉煤灰掺量越多，其抗冻性越差，当粉煤灰掺量在 10% 时抗冻性最好。

5.2.4.3 动弹模量损失率

在冻融循环过程中，测试水泥混凝土试件的动弹模量。测试试件弹性模量与相对动弹模量随冻融循环次数增加的变化规律如图 5.7、图 5.8 所示。

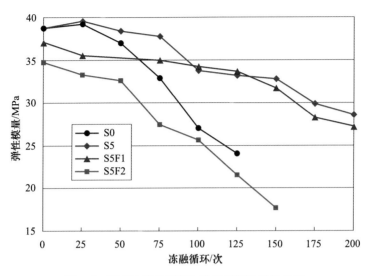

图 5.7 混凝土弹性模量与冻融循环次数的关系

由图 5.7 可以看出，冻融试验前普通混凝土的弹性模量最大，单掺 50% 矿渣微粉的水泥混凝土的弹性模量与普通混凝土相差不大，复掺矿渣微粉与粉煤灰的水泥混凝土弹性模量均小于普通混凝土与单掺 50% 矿渣微粉的水泥混凝土，且随粉煤灰掺量的增加，水泥混凝土的弹性模量逐渐减小。经过冻融循环破坏后，在 25 次冻融循环前，普通水泥混凝土与单掺 50% 矿渣微粉的水泥混凝土的弹性模量先增加，当冻融循环次数超过 25 次时，两者的弹性模量逐渐减小，其中普通混凝土减小幅度最大；复掺 50% 矿渣微粉与粉煤灰的水泥混凝土，其弹性模量随冻融循环次数的增加逐渐减小，其中粉煤灰掺量为 20% 的水泥混凝土的弹性模量降低幅度最大。由图 5.7 可见，单掺 50% 矿渣微粉和复掺 50% 矿渣微粉与 10% 粉煤灰的水泥混凝土的弹性模量，在 125 次冻融循环后变化规律相似，且在 200 次冻融循环后单掺 50% 矿渣微粉的水泥混凝土弹性模量较大，说明单掺 50% 矿渣微粉的水泥混凝土抗冻性较好；复掺粉煤灰后，掺量较少时，水泥混凝土抗冻性较好。

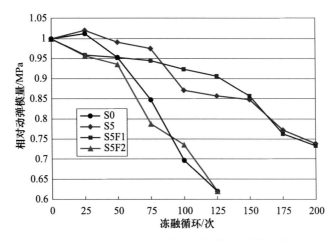

图 5.8　混凝土相对动弹模量与冻融循环次数的关系

由图 5.8 可以看出，普通水泥混凝土、复掺 50% 矿渣微粉与 20% 粉煤灰的水泥混凝土在 125 次冻融循环后，其相对动弹模量降低最为显著，接近 0.6。根据《普通混凝土长期性能和耐久性能试验方法》（GBJ 82—85）中的相关规定，当混凝土相对动弹模量降低到 0.6 时，混凝土即可认为破坏。综合分析认为，经过 125 次冻融循环后普通水泥混凝土、复掺 50% 矿渣微粉与 20% 粉煤灰水泥混凝土接近破坏；单掺 50% 矿渣微粉、复掺 50% 矿渣微粉与 10% 粉煤灰水泥混凝土在 200 次冻融循环后，其相对动弹模量为 0.74 左右，均尚未达到破坏状态。

5.2.4.4　冻融破坏对混凝土电阻率的影响

混凝土电阻率作为一个电学参数，反映单位长度混凝土阻碍电流通过的能力，用于表征混凝土的结构与性能。本试验研究了矿物掺合料及冻融循环作用对混凝土电阻率的影响规律，具体试验结果见图 5.9。

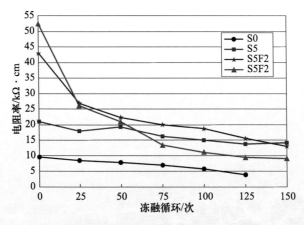

图 5.9　混凝土电阻率与冻融循环次数的关系

由图 5.9 可以看出，在进行冻融循环试验前，掺加矿渣微粉与粉煤灰的水泥混凝土电阻率较普通水泥混凝土得到显著提高，其中复掺 50% 矿渣微粉与 20% 粉煤灰的水泥混凝土提高最多；普通水泥混凝土和单掺 50% 矿渣微粉的水泥混凝土电阻率随冻融循环次数的增加逐渐降低，但降低幅度较小；复掺矿渣微粉与粉煤灰的水泥混凝土电阻率随冻融循环次数的增加大幅度降低，其中复掺 50% 矿渣微粉与 20% 粉煤灰水泥混凝土电阻率减小最大；冻融循环 150 次后单掺 50% 矿渣微粉水泥混凝土电阻率最大。

5.2.4.5　冻融循环作用下混凝土电阻率与质量损失率和相对动弹模量的关系

由图 5.10 混凝土电阻率与质量损失率的关系可知，普通混凝土的质量损失率随电阻率的减小呈现先减小后增大的趋势；单掺 50% 矿渣微粉混凝土的质量损失率在电阻率小于 18 kΩ · cm 时，随电阻率的减小逐渐增大，在电阻率大于 18 kΩ · cm，呈现先增大后减小的小幅波动；复掺矿渣微粉与粉煤灰混凝土的质量损失率随电阻率的减小逐渐增大；单掺 50% 矿渣微粉和复掺 50% 矿渣微粉与 10% 粉煤灰的混凝土的质量损失率随电阻率的减小变化比较缓慢。

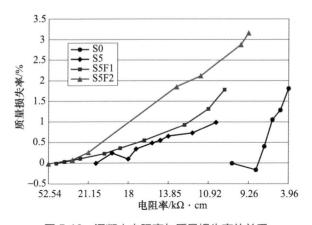

图 5.10　混凝土电阻率与质量损失率的关系

由图 5.11 混凝土电阻率与相对动弹模量的关系可知，普通混凝土的相对动弹模量随电阻率的减小呈现先增大后迅速减小的趋势；单掺 50% 矿渣微粉的混凝土相对动弹模量与电阻率的关系与普通混凝土相似，但前者变化比较缓慢；复掺 50% 矿渣微粉与 10% 粉煤灰的混凝土的相对动弹模量随电阻率的减小逐渐减小，复掺 10% 粉煤灰的混凝土的相对相动弹模量变化较缓慢。

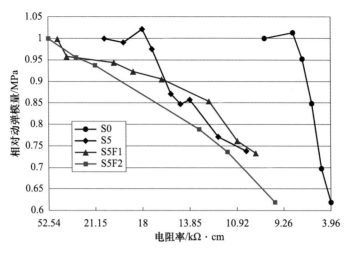

图 5.11 混凝土电阻率与相对动弹模量的关系

综上所述，矿渣微粉及粉煤灰能够提高混凝土的抗冻性能，其主要作用机理可以归纳为：一方面，混凝土体系作为连续级配的颗粒堆积体系，粗集料间隙由细集料填充，细集料间隙由水泥颗粒填充，水泥颗粒之间间隙则由更细的颗粒来填充；矿渣微粉最小粒径在 $10~\mu m$ 左右，可起到填充水泥颗粒间隙的微集料作用，使混凝土形成细观层次的自紧密体系，孔隙率低于基准试样，且孔径相对较小，孔径分布良好，避免形成连通的毛细孔；另一方面，水泥石中凝胶孔孔径较小、冰点极低，凝胶孔中水实际上并不结冰；因此，矿渣微粉的掺入使得 C-S-H 凝胶体与凝胶孔的数量显著增加，减少了结冻孔数目，缓解了产生结冰水压的来源，故能改善混凝土的抗冻性能；再者，混凝土中毛细孔发生冻融破坏，必须达到其临界含水量 91.7%，混凝土中毛细孔自身难以达到临界含水量，其饱水程度主要取决于水泥石的密实度与抗渗性。

本书第 3 章研究结果表明，单掺矿渣微粉或复掺矿渣微粉与粉煤灰可明显提高水泥基材料的抗渗性。因此，掺加矿渣微粉与粉煤灰能够改善混凝土的抗冻性能。

5.3 小结

本章利用快速冻融循环试验，研究了矿渣微粉混凝土及复掺矿渣微粉与粉煤灰混凝土的抗冻性能，得到了矿物掺合料混凝土的质量损失、相对动弹模量及电阻率随冻融循环作用的变化规律，主要得到以下结论。

（1）随冻融循环次数的增加，不同水泥混凝土试件的质量损失率逐渐增大，其中单掺 50% 矿渣微粉水泥混凝土质量损失率最小，经历 125 次循环矿渣微粉混凝土质量损失率较普通混凝土降低 63.54%；复掺 50% 矿渣微粉与 10% 粉煤灰水泥混凝土质量损失率最小，经历 125 次冻融循环后复掺 50% 矿渣微粉与 10% 粉煤灰混凝土质量损失率较普通混凝土降低 69.06%。

（2）随冻融循环次数的增加，不同水泥混凝土试件相对动弹模量逐渐减小，其中单掺 50% 矿渣微粉、复掺 50% 矿渣微粉与 10% 粉煤灰水泥混凝土经历 200 次冻融循环后相对动弹模量为 73.9%、73.44%，仍未达破坏状态，当 125 次循环时，单掺 50% 矿渣微粉、复掺 50% 矿渣微粉与 10% 粉煤灰水泥混凝土相对动弹模量较普通混凝土提高 23.72%、28.69%。

（3）单掺大量矿渣微粉能够提高水泥混凝土的抗冻性能；复掺矿渣微粉与粉煤灰时，粉煤灰掺量较少时，能够改善水泥混凝土的抗冻性能。

（4）矿物掺合料能够显著提高水泥混凝土的电阻率，降低混凝土的导电性，提高钢筋混凝土抗电腐蚀特性，阻碍钢筋的锈蚀破坏，其中单掺 50% 矿渣微粉混凝土电阻率较普通混凝土提高 2.04 倍，复掺 50% 矿渣微粉与 20% 粉煤灰混凝土电阻率较普通混凝土提高 5.5 倍。

（5）冻融作用下混凝土电阻率随冻融循环次数增加逐渐减小，单掺 50% 矿渣微粉水泥混凝土减小趋势较为平缓，冻融循环 150 次后电阻率最大，阻碍钢筋锈蚀性能最为显著；经历 125 次冻融循环后，单掺 50% 矿渣微粉混凝土电阻率较普通混凝土提高 3.5 倍，复掺 50% 矿渣微粉与 10% 粉煤灰混凝土电阻率较普通混凝土提高 3.9 倍。

第**6**章
高效减水剂对水泥混凝土性能的影响

6.1 引言

混凝土外加剂是近年来发展较快的混凝土技术之一，已成为混凝土向高科技领域发展的关键技术，是混凝土的第五种重要组成材料。高效减水剂的出现标志着水泥混凝土外加剂及其应用技术进入了快速发展的阶段，同时也奠定了现代混凝土技术发展的基础，为高性能混凝土的研制与应用提供了新的研究思路。

高效减水剂的主要作用有：对水泥颗粒的分散性强烈、减水率高、早强效果好，可以配制出流动性满足施工要求且水灰比低、强度高的高性能混凝土，可以自行流动成密实的自密实混凝土，可较大量地掺用工业废渣，如粉煤灰、矿渣等细掺合料，以提高混凝土耐久性及改善由于工业发展所带来的部分环保问题。高效减水剂的应用，已成为混凝土技术发展的一个重要里程碑。在混凝土高性能化过程中，化学外加剂对混凝土高性能化所起的作用不可代替。

通过在大掺量矿渣微粉水泥混凝土中掺加高效减水剂，研究高效减水剂对水泥混凝土力学性能和抗氯离子侵蚀性能的改善作用，探讨了高效减水剂在水泥混凝土中的最佳掺量范围。

6.2 试验研究

6.2.1 试验材料

本次试验所用的水泥和矿渣微粉与本书 3.2 节相同，砂子为大河中砂，石子为

1~3 mm 的碎石，具体混凝土配合比见表 5.1。试验中所用高效减水剂为萘磺酸盐甲醛聚合物。

6.2.2　试件制作

为研究高效减水剂对水泥混凝土性能的改善作用，针对萘磺酸盐甲醛聚合物高效减水剂，对矿渣微粉水泥混凝土的抗压强度、氯离子扩散系数进行了试验研究。试验中主要考虑的影响因素由高效减水剂的掺量、水泥混凝土试件养护龄期等。

根据表 5.1 中混凝土配合比以及不同影响因素的影响，共制备 75 个 150 mm × 150 mm × 150 mm 的混凝土试件，每组 5 个，其中 3 个试件用于抗压强度试验，2 个用于测定氯离子扩散系数。具体试件分组详见表 6.1。

表 6.1　试件分组

试件编号	矿渣微粉掺量 /%	高效减水剂掺量 /%	养护龄期 /d
S0	0	0	
S5	50	0	
S51	50	1	7、14、28
S52	50	2	
S53	50	3	

6.2.3　试验方法及试验过程

在标准养护条件下养护试件至规定龄期，利用 YAW-YAW 2000A 型 200 t 微机控制电液伺服压力试验机，遵照《普通混凝土力学性能试验方法标准》（GB/T 50081—2002）中的规定测试水泥混凝土抗压强度，水泥混凝土抗压试验采用应力控制加载速度，连续均匀加载，加载速度为 0.5 MPa/s；氯离子扩散系数测定试验根据本书第 4 章中所述测试方法进行试验。

6.2.4　试验结果与讨论

6.2.4.1　抗压强度

表 6.2 和图 6.1 给出了水泥混凝土抗压强度试验结果。

表6.2　抗压强度试验结果　　　　　　　　　　单位：MPa

试件编号	养护龄期		
	7 d	14 d	28 d
S0	32.32	38.41	40.81
S5	21.76	32.04	33.47
S51	22.19	33.61	35.56
S52	22.02	33.82	36.81
S53	20.94	26.52	28.23

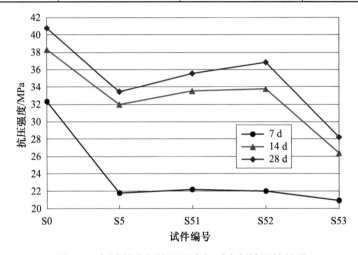

图6.1　各试件分组抗压强度与减水剂掺量的关系

由表6.2、图6.1可见，掺50%矿渣微粉水泥混凝土7 d、14 d、28 d抗压强度显著降低；掺1%、2%、3%高效减水剂使矿渣微粉水泥混凝土抗压强度的降低幅度先减小后增大，其中14 d、28 d强度变化规律比较明显；高效减水剂掺量为2%时的改善效果最为明显。由此可得，适量添加高效减水剂能有效提高水泥混凝土抗压强度。

6.2.4.2　氯离子渗透系数

图6.2给出了水泥试件养护7 d、14 d、28 d时氯离子的渗透深度，通过式4.2计算氯离子扩散系数，具体试验结果详见表6.3、表6.4和图6.3。

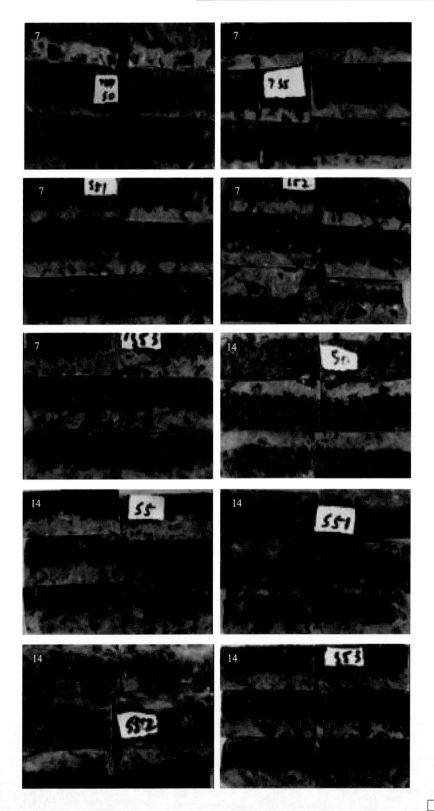

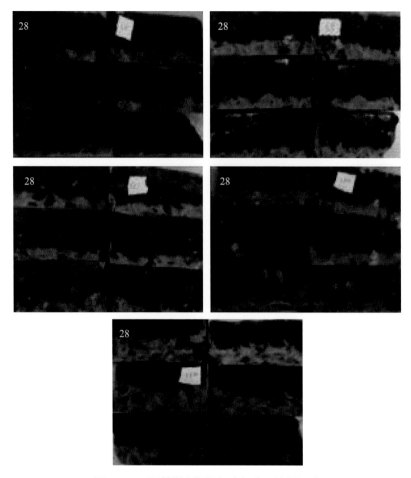

图 6.2　不同龄期水泥混凝土氯离子渗透深度

表 6.3　氯离子扩散系数试验结果　　　　　　　单位：m²/s

试件编号	养护龄期		
	7 d	14 d	28 d
S0	3.11831×10^{-11}	1.81362×10^{-11}	1.63037×10^{-11}
S5	1.79401×10^{-11}	8.54712×10^{-12}	5.60779×10^{-12}
S51	1.66174×10^{-11}	6.83814×10^{-12}	4.98679×10^{-12}
S52	1.59230×10^{-11}	6.60538×10^{-12}	3.95989×10^{-12}
S53	2.52026×10^{-11}	8.24987×10^{-12}	4.76854×10^{-12}

表 6.4　氯离子扩散系数百分率　　　　　　　　单位：%

试件编号	养护龄期		
	7 d	14 d	28 d
S0	0	0	0
S5	−42.47	−52.87	−65.60
S51	−46.71	−62.30	−69.41
S52	−48.94	−63.58	−75.71
S53	−19.18	−54.51	−70.75

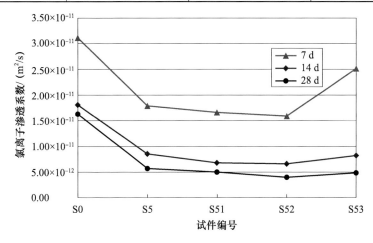

图 6.3　各试件分组氯离子扩散系数的关系

从表 6.3、表 6.4 和图 6.3 给出的试验结果看出，掺入 50% 矿渣微粉能显著降低水泥混凝土不同龄期氯离子扩散系数，增强其抗氯离子渗透性能；随养护龄期延长，试件抗氯离子渗透性能逐渐增强；当矿渣微粉混凝土中添加 1%、2%、3% 高效减水剂时，其氯离子扩散系数呈现先减小后增大的趋势；高效减水剂掺量为 2% 时，矿渣微粉混凝土氯离子扩散系数最小，即抗氯离子渗透性能最好。由此可得，高效减水剂对水泥混凝土的抗氯离子渗透性能具有一定改善作用。

6.2.4.3　高效减水剂对混凝土性能的改善机理

高效减水剂能够在不减少水泥用水量情况下改善新拌混凝土的工作度，提高混凝土流动性；在保持一定工作度下，减少水泥用水量，提高混凝土强度；在保持一定强度情况下，减少单位体积混凝土的水泥用量，节约水泥；改善混凝土拌合物的搅拌性以及混凝土其他物理力学性能。

目前，一般认为高效减水剂能够产生减水作用主要是由于其吸附和分散作用所致。本次研究混凝土中，水泥硬化过程可以发现，水泥在加水搅拌的过程中，由于水泥矿物中含有带不同电荷的组成成分，而正负电荷的相互吸引将导致混凝土产生絮凝结构，絮凝结构可能是由于水泥颗粒在溶液中的热运动致使其在某些边棱角处互相碰撞、相互吸引而形成。由于在絮凝结构中包裹着很多拌合水，因而无法提供较多水用于水泥水化，所以降低了新拌混凝土和易性。因此，在施工中为了使水泥水化充分，必须在拌合时相应增加用水量，但用水量增加将导致水泥石结构中形成过多孔隙，致使其物理力学性能下降，在混凝土中加入高效减水剂能够释放多余水分，使之用于水泥水化，因而可在不降低混凝土物理力学性能条件下，减少拌合水用量。

高效减水剂除了有吸附分散作用外，还有湿润和润滑作用。水泥加水拌合后，水泥颗粒表面被水所湿润，而这种湿润状况对新拌混凝土的性能影响甚大。湿润作用不但能使水泥颗粒有效地分散，也会增加水泥颗粒的水化面积，影响水泥水化速率。

高效减水剂中极性亲水基团定向吸附于水泥颗粒表面，很容易和水分子以氢键形式缔合。这种氢键缔合作用的作用力远大于水分子与水泥颗粒间的分子引力。当水泥颗粒吸附足够多减水剂分子后，借助于磺酸基团负离子与水分子中氢键的缔合，再加上水分子间也氢键缔合，水泥颗粒表面便形成一层稳定的溶剂化水膜，这层膜起到了立体保护作用，阻止了水泥颗粒间的直接接触，并在颗粒间起润滑作用。减水剂加入伴随着引入一定量的微气泡（即使是非引气型减水剂，也会引入少量气泡），这些微细气泡被因减水剂定向吸附而形成的分子膜所包围，并带有与水泥质点吸附膜相同符号的电荷，因而气泡与水泥颗粒间产生电性斥力，从而增加了水泥颗粒间的滑动能力。由于减水剂的吸附分散作用、湿润作用和润滑作用，因而只要使用少量的水就能容易地将混凝土拌合均匀，从而改善新拌混凝土和易性。

因此，掺加高效减水剂能够有效地改善水泥颗粒的分散程度，提高其水化程度，增强其微观结构密实度，改善混凝土耐久性。

6.3 小结

本章通过对矿渣微粉混凝土抗压强度、氯离子渗透性能的试验研究，探讨了高效减水剂对水泥混凝土耐久性能的改善作用，并对其改善机理进行了分析。主要得到如下结论。

（1）掺加适量高效减水剂能够提高混凝土的流动性，有效改善水泥混凝土抗压强度及抗氯离子渗透性能，最佳掺量为 2% 左右，对水泥混凝土 28 d 抗压强度和抗氯离子渗透性能较未添加高效减的混凝土分别提高 9.96% 和 10.11%。

（2）高效减水剂的分散作用、湿润作用和润滑作用能够有效改善水泥颗粒的分散程度，增加水泥的水化程度，进而提高水泥混凝土的耐久性。

第 **7** 章

结 论 与 建 议

7.1 结论

针对北方沿海环境下大量水泥混凝土结构发生过早损伤、失效破坏的工程实际，研制高性能混凝土提高其耐久性已成为土木工程界面临的问题；在充分调研国内外研究工作的基础上，确定利用大掺量矿渣微粉及粉煤灰提高水泥混凝土结构耐久性的研究思路，完成了大量试验研究及理论分析，主要得到了以下结论。

（1）矿渣微粉能对水泥的力学性能有较好的改善作用，其对抗折强度的改善较抗压强度显著。在水胶比为 0.4，矿渣微粉掺量为 50% 时，水泥 56 d、90 d 龄期的抗折强度得到有效提高，分别较普通水泥试件的抗折强度提高 26.90%、23.71%；在水胶比为 0.4，矿渣微粉掺量为 30% 时，水泥 56 d、90 d 龄期的抗压强度较普通混凝土提高幅度较小，分别提高 10.91%、7.97%。

（2）在矿渣微粉掺量为 50% 的水泥中复掺 10% 的粉煤灰时，对水泥的抗折抗压强度改善效果最好。水泥的 14 d、28 d 龄期的抗折强度和抗压强度分别提高 14.26%、21.83% 和 13.44%、2.9%。

（3）掺入矿渣微粉后，能显著提高水泥胶砂的抗渗性能。矿渣微粉掺量为 50% 时，改善效果最为明显，矿渣微粉水泥胶砂 14 d、28 d 抗渗性能分别提高 45.70%、72.47%。

（4）矿渣微粉掺量 50%、粉煤灰掺量 20% 的水泥胶砂 7 d、14 d、28 d 抗氯离子渗透性分别提高 84.59%、38.44%、54.66%；矿渣微粉掺量 50%、粉煤灰掺量 30% 的水泥胶砂 28 d 抗氯离子渗透性能提高最为显著，较普通水泥胶砂提高 62.84%。

（5）矿渣微粉与粉煤灰能有效提高水泥混凝土的抗冻性能。在 125 次循环时，单掺 50% 矿渣微粉水泥混凝土质量损失率较普通混凝土降低 63.54%，相对动弹模量较普通混凝土提高 23.72%；复掺 50% 矿渣微粉和 10% 粉煤灰水泥混凝土质量损失率较普通混凝土降低 69.06%，相对动弹模量较普通混凝土提高 28.69%。

（6）矿物掺合料水泥混凝土电阻率显著提高，混凝土导电性降低，阻碍了钢筋的锈蚀破坏，改善钢筋混凝土抗电腐蚀特性。单掺 50% 矿渣微粉混凝土电阻率较普通混凝土提高 2.04 倍；复掺 50% 矿渣微粉与 20% 粉煤灰混凝土电阻率较普通混凝土提高 5.5 倍。

（7）冻融作用下，混凝土电阻率随冻融循环次数增加逐渐减小。单掺 50% 矿渣微粉水泥混凝土减小趋势较为平缓，冻融循环 150 次后电阻率最大，阻碍钢筋锈蚀性能最为显著；在 125 次循环时，单掺 50% 矿渣微粉混凝土电阻率较普通混凝土提高 3.5 倍，复掺 50% 矿渣微粉与 10% 粉煤灰混凝土电阻率较普通混凝土提高 3.9 倍。

（8）掺加适量高效减水剂能够有效改善水泥混凝土的抗压强度及抗氯离子渗透性能，最佳掺量为 2% 左右，添加高效减水剂水泥混凝土 28 d 抗压强度和抗氯离子渗透性能较普通混凝土分别提高 9.96% 和 10.11%。

7.2 建议

（1）通过本试验研究，提出适于北方沿海环境的高性能混凝土设计方法，所研制混凝土全面、有效提高了水泥混凝土结构抗海水腐蚀性能、耐久性及力学性能。同时，矿渣微粉价格便宜，取材方便，实现了废物的再利用，极大降低了水泥的用量，能够全面改善水泥混凝土的耐久性能，最大限度地延长混凝土结构的使用寿命，有巨大的经济和生态效益。

（2）得到大掺量矿渣微粉及粉煤灰能够提高水泥混凝土耐久性能的结论，但由于本试验主要集中研究了矿渣微粉及粉煤灰改性水泥基材料的力学性能、抗渗性能、抗冻性能等宏观性能指标，而有关基于微、细观研究方法揭示大掺量矿渣微粉及粉煤灰对水泥基材料性能机理的系统试验及理论研究工作还有待开展。

主 要 参 考 书 目

陈伟，莫海鸿，杨医博，2008. 抗氯盐高性能混凝土的技术途径 [C]// 超高层混凝土泵送与超高性能混凝土技术的研究与应用国际研讨会论文集（中文版）.

陈仲策，杨医博，梁松，2010. 抗海水腐蚀混凝土技术的研究及推广应用 [J]. 广东水利水电（6）: 18-21.

慈军，刘健，王建祥，2010. 矿渣微粉高性能混凝土的抗侵蚀试验研究 [J]. 混凝土，5: 21-24.

丁红霞，2007. 大掺量矿渣粉—水泥基胶凝材料和混凝土性能及其优化的研究 [D]. 南京：河海大学.

丁红霞，方永浩，熊静，2012. 大掺量矿渣粉混凝土抗冻性能的研究 [J]. 科学技术与工程，12（19）: 4820-4824.

高建明，王边，朱亚菲，等，2002. 掺矿渣微粉混凝土的抗冻性试验研究 [J]. 混凝土与水泥制品（5）: 3-5.

洪定海，1998. 大掺量矿渣微粉高性能混凝土应用范例 [J]. 建筑材料学报，1（1）: 82-87.

黄孝蘅，许彩虹，王丽文，2003. 硬化混凝土中气泡性质对抗冻性影响的试验研究 [J]. 港湾建设，3（3）: 14-17.

交通部公路科学研究所，2005. 公路工程水泥及水泥混凝土试验规程：JTGE 30—2005 [S]. 北京：人民交通出版社.

李金玉，曹建国，徐文雨，等，1997. 混凝土冻融破坏机理的研究 [J]. 混凝土与水泥制品（4）: 58-69.

刘娟红，宋少民，2005. 粉煤灰和磨细矿渣对高强轻骨料混凝土抗渗及抗冻性能的影响 [J]. 硅酸盐学报，33（4）: 528-532.

刘志勇，2006.基于环境的海工混凝土耐久性试验与寿命预测方法研究 [D]. 南京：东南大学.

马亮，2009.掺矿渣微粉混凝土在喀浪古尔水库大坝面板中的应用 [J]. 粉煤灰综合利用（3）：26-28.

莫海鸿，梁松，杨医博，等，2003.大掺量矿渣微粉抗海水腐蚀混凝土的研究与应用 [C]// 中国水利学会 2003 学术年会论文集 . 北京：中国三峡出版社 .

莫海鸿，梁松，杨医博，等，2005.大掺量矿渣微粉抗海水腐蚀混凝土的研究 [J]. 水利学报，36（7）：875-879.

施惠生，许碧莞，阚黎黎，2008.矿渣微粉对混凝土气体渗透性及强度的影响 [J]. 同济大学学报（自然科学版），36（6）：782-786.

唐光普，刘西拉，施士升，2006.冻融条件下混凝土破坏面演化模型研究 [J]. 岩石力学与工程学报，25（12）：2572-2578.

王立钢，施惠生，2010.北方微冻地区海工高性能混凝土耐久性研究 [J]. 粉煤灰综合利用，3:9-12.

王宇，刘福战，张鱼，2010.矿渣微粉在商品混凝土中的应用研究 [J]. 粉煤灰综合利用，3: 23-25.

谢祥明，莫海鸿 . 大掺量矿渣微粉提高混凝土抗氯离子渗透性的研究 [J]. 水利学报，36（6）：737-740.

邢占东，2005.氯离子环境下的双掺混凝土耐久性研究 [D]. 大连：大连理工大学 .

徐广飞，2009.掺矿渣微粉的高性能混凝土耐久性试验研究 [D]. 包头：内蒙古科技大学 .

杨医博，梁松，莫海鸿，2004.抗海水腐蚀混凝土在外砂桥闸工程中的应用 [J]. 人民长江，35（2）：44-50.

杨医博，莫海鸿，周贤文，2009.混凝土抗氯盐性能的尺寸效应研究 [J]. 武汉理工大学学报，31（7）：72-76.

袁玲，汪正兰，李燕，2002.矿渣微粉对混凝土抗冻融耐久性的影响 [J]. 安徽建筑工业学院学报（自然科学版），10（2）：62-65.

周美茹，李彦昌，2007.矿渣粉对混凝土耐久性的影响 [J]. 混凝土（3）：58-62.

AMERICAN SOCIETY FOR TESTING AND MATERIALS, 1995. Standard test method for critical dilation of concrete specimens subjected to freezing: C671—94[S].

BOUKHATEM B, GHRICI M, KENAI S, 2001. Prediction of efficiency factor of ground-granulated blast-furnace slag of concrete using artificial neural network [J]. ACI Materials Journal, 1: 55-63.

BRESME F, CAMARA L G, 2006. Computer simulation studies of crystallization under confinement condition[J]. Chemical Geology, 230:197-206.

DALE P B, RANDY T, 2007. Potential applications of phase change materials in concrete technology[J]. Cement and Concrete Composites, 29:527-532.

GAO X F, LO Y T, TAM C M, 2002. Investigation of micro-cracks and microstructure of high performance lightweight aggregate concrete[J]. Build Environ, 37:485-489.

GEORGE W S, 2004. Stress from crystallization of salt[J]. Cement and Concrete Research, 34:1613-1624.

MUSTAFA S, İLKER B T, FATIH O, et al, 2009. Prediction of long-term effects of GGBFS on compressive strength of concrete by artificial neural networks and fuzzy logic [J]. Construction and Building Materials, 23（3）: 1279-1286.

PACEWSKA B, BUKOWSKA M, WILINSKA I, et al, 2002. Modification of the properties of concrete by a new pozzolana—A waste catalyst from the catalytic process in a fluidized bed[J]. Cement Concrete Res, 32:145-52.

PENG G F, MA Q, HU H M, 2007. The effects of air entrainment and pozzolans on frost resistance of 50-60 MPa grade concrete[J]. Construction and Building Materials, 21:1034-1039.

PIGEON M, MARCHAND J, PLEAU R, 1996. Frost resistance concrete[J]. Construct Build Mater, 10（5）:339-348.

RAKESH K, BHATTA C B, 2003. Porosity, pore size distribution and in situ strength of concrete[J]. Cement and Concrete Research, 33（2）:155-164.

SCHERER G W, 1999. Crystallization in pores[J]. Cement and Concrete Research, 29（8）:1347-1358.

SETZER M J, 2001. Micro-Ice-Lens formation in porous solid[J]. Journal of Colloid and Interface Science, 243:193-201.

SHANG H S, SONG Y P, 2006. Experimental study of strength and deformation of plain concrete under biaxial compression after freezing and thawing cycles [J]. Cement and Concrete Research, 36（10）:1857-1864.

SHARIQ M, PRASAD J, MASOOD A, 2010. Effect of GGBFS on time dependent compressive strength of concrete [J]. Construction and Building Materials, 24（8）:1469-1478.

SOYLEV T A, MCNALLY C, RICHARDSON M G, 2007. The effect of a new generation surface-applied organic inhibitor on concrete properties[J]. Cement and Concrete

Composites, 29:357-364.

WANG H Y, 2008. The effects of elevated temperature on cement paste containing GGBFS [J]. Cement and Concrete Composites, 30（10）: 992-999.

YAZICI H,YARDIMCI M Y,YIGITER H, 2010. Mechanical properties of reactive powder concrete containing high volumes of ground granulated blast furnace slag [J]. Cement and Concrete Composites, 32（8）: 639-648.